Quadrokopter richtig einstellen und fliegen
Schritt für Schritt zum Flugerfolg

W0056093

Thomas Riegler

Quadrokopter
richtig einstellen und fliegen

Schritt für Schritt zum Flugerfolg

FRANZIS

Bibliografische Information der Deutschen Bibliothek

Die Deutsche Bibliothek verzeichnet diese Publikation in der Deutschen Nationalbibliografie;
detaillierte Daten sind im Internet über http://dnb.ddb.de abrufbar.

Hinweis: Alle Angaben in diesem Buch wurden vom Autor mit größter Sorgfalt erarbeitet bzw. zusammengestellt und unter Einschaltung wirksamer Kontrollmaßnahmen reproduziert. Trotzdem sind Fehler nicht ganz auszuschließen. Der Verlag und der Autor sehen sich deshalb gezwungen, darauf hinzuweisen, dass sie weder eine Garantie noch die juristische Verantwortung oder irgendeine Haftung für Folgen, die auf fehlerhafte Angaben zurückgehen, übernehmen können. Für die Mitteilung etwaiger Fehler sind Verlag und Autor jederzeit dankbar. Internetadressen oder Versionsnummern stellen den bei Redaktionsschluss verfügbaren Informationsstand dar. Verlag und Autor übernehmen keinerlei Verantwortung oder Haftung für Veränderungen, die sich aus nicht von ihnen zu vertretenden Umständen ergeben. Evtl. beigefügte oder zum Download angebotene Dateien und Informationen dienen ausschließlich der nicht gewerblichen Nutzung. Eine gewerbliche Nutzung ist nur mit Zustimmung des Lizenzinhabers möglich.

© 2011 Franzis Verlag GmbH, 85540 Haar bei München

Alle Rechte vorbehalten, auch die der fotomechanischen Wiedergabe und der Speicherung in elektronischen Medien. Das Erstellen und Verbreiten von Kopien auf Papier, auf Datenträgern oder im Internet, insbesondere als PDF, ist nur mit ausdrücklicher Genehmigung des Verlags gestattet und wird widrigenfalls strafrechtlich verfolgt.

Die meisten Produktbezeichnungen von Hard- und Software sowie Firmennamen und Firmenlogos, die in diesem Werk genannt werden, sind in der Regel gleichzeitig auch eingetragene Warenzeichen und sollten als solche betrachtet werden. Der Verlag folgt bei den Produktbezeichnungen im Wesentlichen den Schreibweisen der Hersteller.

Satz & Layout: DTP-Satz A. Kugge, München
art & design: www.ideehoch2.de
Druck: GGP Media GmbH, Pößneck
Printed in Germany

ISBN 978-3-645-**65073**-1

Inhalt

1 Was ist ein Quadrokopter?

Unter einem Hubschrauber kann sich jeder von uns etwas vorstellen. Unter einem „Quadrokopter" weniger. Er ist eine Sonderform des Hubschraubers und nicht nur mit einem, sondern gleich mit vier Rotoren bestückt.

Im Zentrum des Quadrokopters befindet sich der Hauptkörper. In ihm sind die Steuerelektronik, der Fernsteuerungsempfänger und der Akku eingebaut. An seinem Rahmen sind die vier Ausleger angebracht, an deren äußerem Ende die Motoren eingebaut sind. Vor allem mit ihren Landestützen erinnern sie an die Beine einer Spinne.

Der Quadrokopter ist keine Errungenschaft der jüngsten Vergangenheit, sondern ist sozusagen ein Überbleibsel aus der Frühzeit der Hubschrauberentwicklung. Seine Geschichte reicht bis in die frühen 20er-Jahre zurück. Bereits am 11. November 1922 erhob sich das erste Fluggerät dieser Art in die Luft.

Mehrere Rotoren waren damals erforderlich, um den „Hubschrauber" überhaupt steuern zu können. Unter anderem die Taumelscheibe und der Heckrotor sind für den Hubschrauber entscheidende Erfindungen, die erst später gemacht wurden. Durch sie ergab sich keine Notwendigkeit mehr, mehr als einen Rotor zu verwenden.

Nur wenige Quadrokopter schafften es im Lauf der Jahrzehnte bis über das Entwicklungsstadium hinaus. Zu den Fluggeräten dieser Art zählte der Curtiss-Wright VZ-7AP aus dem Jahr 1958. Er war auch als „Flug-Jeep" bekannt.

Gegenwärtig werden keine Quadrokopter mehr produziert, die auch Personen transportieren könnten. Sie finden aber bei der militärischen Aufklärung in Form kompakter unbemannter Drohnen Verwendung. Außerdem hat sie der RC-Modellbau entdeckt. Immerhin lassen Quadrokopter Einsatzgebiete zu, die mit anderen Fluggeräten nicht so leicht realisierbar wären. Quadrokopter eignen sich besonders gut zum Anfertigen von Luftbildern oder Videos aus schwindelnder Höhe.

Bild 1.1 – Quadrokopterfliegen macht richtig Spaß!

2 Quadrokopter im Detail

Die wohl einzige Gemeinsamkeit von Quadrokoptern und herkömmlichen Hubschraubern liegt wohl darin, dass die Propeller waagrecht montiert sind. Während Hubschrauber eine aufwendige Mechanik mit Getrieben, Gestängen, Hebeln, Wellen und Riemen erfordern, kommt der Quadrokopter ohne all das aus. Das Einzige, was er braucht, sind vier kraftvolle Brushless-Motoren, an denen je ein Propeller montiert ist.

Um einen Hubschrauber in der Luft steuern zu können, werden unter anderem der Anstellwinkel der Rotorblätter geändert und der Rotorkopf als Gesamtes den auszuführenden Bewegungen entsprechend ausgelenkt.

Die Steuerung des Quadrokopters erfolgt ausschließlich über die Ansteuerung der vier Motoren, an denen die Propeller fest angeschraubt sind. Die in der definierten Längsachse (die die Hauptflugrichtung vorgibt) drehen sich im, die beiden seitlichen gegen den Uhrzeigersinn.

Das Geheimnis dieses Fluggeräts liegt in der ausgeklügelten Regelelektronik, die mit Lage- und Beschleunigungssensoren arbeitet. Sie werden durch leistungsfähige Mikroprozessoren gesteuert und sorgen dafür, dass der Quadrokopter nicht nur fliegen, sondern auch absolut ruhig und stabil in der Luft stehen kann.

Die weiteren Steuermöglichkeiten werden durch eine serielle Schnittstelle verstärkt. Über sie können Updates und Erweiterungen vorgenommen werden. Über eine Konfigurations-Software lässt der Quadrokopter sich sogar programmieren. Damit wird den Individualisten unter den Quadrokopterpiloten ein breites Betätigungsfeld eröffnet. Per Mausklick kann das Fluggerät an die Wünsche und Bedürfnisse des Piloten angepasst werden.

Der Quadrokopter *450 ARF* kann in drei Modi betrieben werden. Sie sind über eine Steckbrücke und Jumper einzustellen. Über sie können je eine Betriebsart für Anfänger und eine für Fortgeschrittene ausgewählt werden. Die dritte Stellung ist für eigene Steuerprogrammierungen vorgesehen.

2.1 Kraftpaket

Bereits der kleine Quadrokopter 450 ARF mit seinem Durchmesser von bescheidenen 45 cm (ohne Rotorblätter) ist ein wahres Kraftpaket. Er erlaubt die Zuladung von bis zu 500 g. Damit ist er der ideale Lastenträger, und hier gibt es genügend Einsatzmöglichkeiten: z. B. Kameras transportieren und mit ihnen Flugaufnahmen machen. Der kleine Quadrokopter ist sogar in der Lage, neuere Videokameras zu transportieren, die nur wenig wiegen. Sogar noch eine Zuladereserve für eine Kamera-Montagevorrichtung bleibt, die dreh- und schwenkbar ausgeführt sein kann.

Das hohe Transportvermögen kann auch dazu genutzt werden, z. B. Werbebanner durch die Lüfte schweben zu lassen.

2.2 Bürstenloser Motor

Der bürstenlose Motor ist allgemein als Brushless- oder BL-Motor bekannt. Da er ohne Kohlebürsten arbeitet, tritt bei ihm kein Verschleiß auf. Er hat einen hohen Wirkungsgrad, ist leicht und hat, je nach Bauart, auch ein großes Drehmoment. Den Brushless-Motor erkennt man an seinen drei Anschlussdrähten (Bürstenmotoren haben nur zwei). Bei BL-Motoren unterscheidet man zwischen Innen- und Außenläufern.

Der BL-Außenläufer hat eine feststehende Welle, um die sich sein Gehäuse dreht. Seine Hülle dreht sich somit um einen Kern. BL-Außenläufer haben ein deutlich höheres Drehmoment. Damit können sie auch langsamer laufen und benötigen kein aufwendiges Getriebe. Bei ihrem Einbau ist besonders zu beachten, dass ihr sich drehendes Gehäuse weder Teile des Modells noch Drähte berühren darf.

Bild 2.1 – Beim BL-Außenläufer dreht sich das Gehäuse. So wird ein hohes Drehmoment erreicht, das auch große Propeller antreibt.

3   Quadrokopter zusammenbauen

Der Quadrokopter 450 ARF wird, wie schon seine Typenbezeichnung verrät, als ARF-Modell angeboten. „ARF" steht für „Already to Fly" und bedeutet, dass das Modell noch nicht ganz flugfertig ausgeliefert wird und man an ihm noch etwas Hand anlegen muss.

Der Quadrokopter 450 befindet sich in einer erstaunlich kleinen Schachtel. Erstaunlich insofern, als er von Rotorblattspitze zu Rotorblattspitze eine Größe von 70 cm haben wird. Packt man das Fluggerät aus, hält man zunächst ein Bündel Technik in der Hand, das im Wesentlichen aus zwei Teilen besteht: dem Flugkörper und vier gleich langen Auslegern. Sie sind im rechten Winkel zueinander angeordnet und über Gelenke am Flugkörper befestigt. An ihnen sind wiederum schwenk-

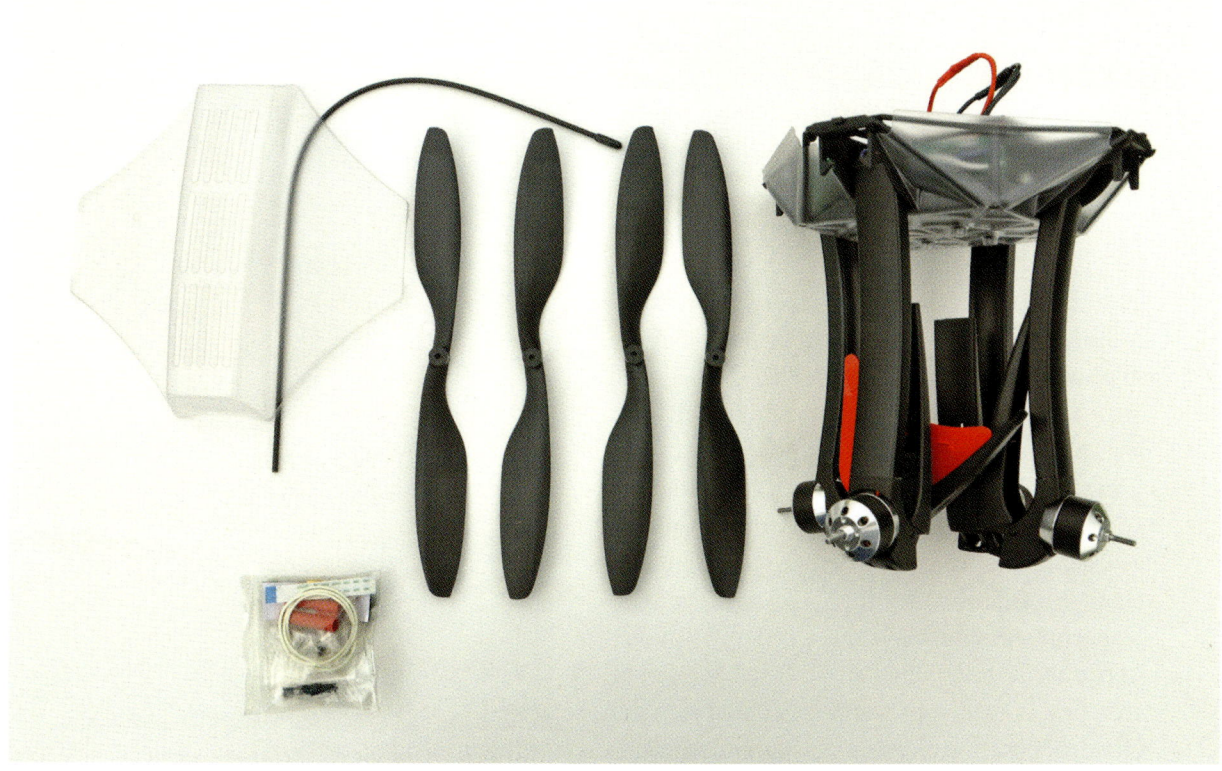

Bild 3.1 – Der Quadrokopter kommt fast fertig zusammengebaut. An ihm sind im Wesentlichen nur noch die Propeller zu montieren.

Bild 3.2 – Der Quadrokopter ist zusammengelegt und beansprucht für den Transport nur wenig Platz.

bare Standfüße angebaut. Durch einfaches Aufklappen und Fixieren in den eingebauten Arretierungen lassen sich die vier Ausleger in Sekundenschnelle aufklappen und in Betriebslage bringen. Die Ausleger sind aus stabilem Vierkant-Profilmetall gefertigt. In ihnen ist auch die Verkabelung zu den Motoren untergebracht. Sie sind an den Armenden mit einer Kunststoffhalterung befestigt. An den Halterungen sind auch die Landefüße aufgesteckt. Sie können ohne zusätzliches Werkzeug aus- und eingeklappt werden. So lässt sich der Quadrokopter äußerst platzsparend zusammenlegen und transportieren.

Arme und Landefüße brauchen nur per Hand in ihre Fluglage ausgerichtet zu werden, bis sie einrasten. Werkzeug ist dafür nicht erforderlich. Der Zeitaufwand für alle vier Arme bewegt sich etwa bei einer Minute.

Die Stabilität des Quadrokopters lässt sich durch den Einbau einer als Zubehör erhältlichen Stabilisierungsplatte noch erheblich verbessern. Sie wird vom Hersteller auch ausdrücklich empfohlen, da dadurch mögliche Schäden bei unsanften Landungen deutlich reduziert werden können. An der Handhabung des Fluggeräts ändert sich bei eingebauter Stabilisierungsplatte nichts.

Bild 3.3 – Die vier Tragarme sind auszuklappen, …

3.1 Propellerblätter montieren

Bei genauerer Betrachtung fällt auf einem der Ausleger ein Pfeil auf. Er markiert die Flugrichtung. Zusätzlich ist unter diesem Ausleger eine große rote Platte montiert. Sie dient zur leichteren Erkennbarkeit der Ausrichtung des Modells während des Flugs. Da es einen symmetrischen Aufbau hat, wäre seine Lage während des Flugs sonst vom Boden aus so gut wie nicht zu erkennen, was das Lenken des Quadrokopters unmöglich machen würde.

Diese Markierung hilft uns aber auch bereits bei der Montage der Propellerblätter. Sie unterscheiden sich in einem kleinen, aber für den erfolgreichen Flugbetrieb entscheidenden Detail: Jeweils zwei sind links- und rechtsdrehend. Daraus folgt, dass sich je zwei Motoren im und gegen den Uhrzeigersinn drehen.

Die Bestimmung der Propellerblätter kann auf zwei Arten erfolgen. Sie können mit „Left" (links) oder „Right" (rechts) beschriftet sein (der Schriftzug ist eingegossen).

Bild 3.4 – … bis sie in den Arretierungen des Zentralrahmens einschnappen.

Fehlt die Beschriftung, lassen sich die Propeller anhand ihrer Konstruktion zuordnen. Dazu muss man einen Propeller zunächst etwas genauer betrachten. Die Bohrung für die Rotorwelle ist an der Unterseite in Sechskantform ausgeführt. Das Gegenstück findet man an der Motorachse in Form einer nachempfundenen 5-mm-Mutter. Auf sie ist der Pro-

Bild 3.5 – Zuletzt sind die Landefüße auszuklappen, bis sie einrasten.

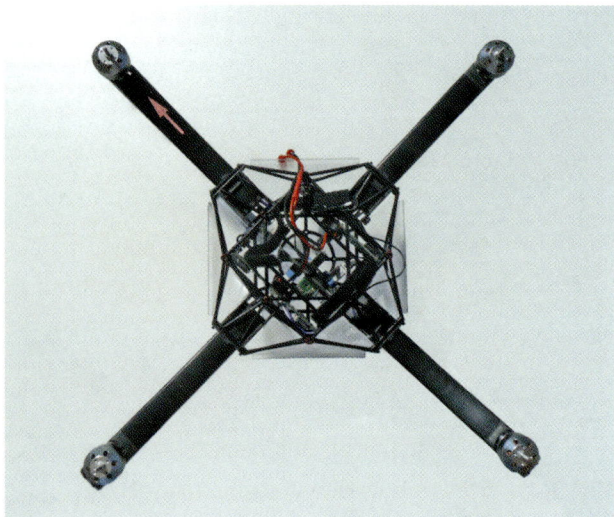

Bild 3.6 – Als Nächstes sind die vier Rotorblätter aufzuschrauben.

Bild 3.7 – Da sich je zwei Motoren im und gegen den Uhrzeigersinn drehen, werden auch zwei Arten von Rotorblättern benötigt.

peller zu stecken und wird von der Motorwelle sicher gedreht.

Legt man z. B. einen rechten Propeller mit der Sechskantausnehmung nach unten auf den Tisch, erkennt man von rechts oben bis links unten eine gleichmäßig verlaufende Linie. An der linken oberen und rechten unteren Rotorhälfte verjüngt sich die Blattbreite zur Mitte hin beträchtlich, womit diese Seiten weitaus „verbogener" aussehen. Die linksdrehenden Propeller sind exakt spiegelbildlich aufgebaut. Der Pfeil auf einem der Ausleger kennzeichnet die Längsachse des Quadrokopters. Beide an der Längsachse montierten Motoren sind rechtslaufend, drehen sich also im Uhrzeigersinn. Auf sie sind die rechtsdrehenden Propeller zu montieren.

Die beiden seitlichen Motoren der Querachse drehen sich entgegen dem Uhrzeigersinn, also nach links. Auf sie sind die linksdrehenden Propeller aufzusetzen.

Werden die Rotorblätter nicht entsprechend der Drehrichtung der einzelnen Motoren montiert, passen die im Modell programmierten Drehrichtungen nicht mehr zu denen der Rotoren. Der Quadrokopter wäre somit nicht mehr flugfähig und steuerbar.

Bild 3.8 – Die Rotorblätter sind mit „Left" für links und „Right" für rechts beschriftet.

3.2   Montage der Rotorblätter

Nachdem die Rotoren auf die Wellen aufgesetzt wurden, muss man je eine der im Lieferumfang enthaltenen Federscheiben auf sie legen. Diese geben den erst jetzt aufzudrehenden Rotorspitzen sicheren Halt, sodass sie sich während des Flugs nicht lösen können. Die Rotorspitzen sind an zwei Seiten etwas abgeflacht. Das lädt förmlich dazu ein, sie mit einem 10-mm-Gabelschlüssel fest anzuschrauben. Zu fest dürfen die Propeller jedoch nicht angezogen werden, da dies zu einer Beschädigung der Motoren führen kann. Die Motorwellen könnten dabei reißen oder aus den Lagern gezogen werden. Außerdem können die Motoren schwergängiger laufen. Das wiederum würde sich negativ auf die Fluggeigenschaften auswirken. Idealerweise sind die Rotorspitzen per Hand aufzudrehen. Das reicht wegen der Federscheibe normalerweise

aus. Nur wenn sich die Motoren leicht mit der Hand drehen lassen, sind sie in Ordnung.
Nach dem Anschrauben der Rotoren lässt sich das leicht ausprobieren. Auch der Sprengring auf der Unterseite der Motoren muss sich bewegen lassen und darf nicht klemmen. Vor jedem Flug ist zu kontrollieren, ob die Rotoren fest auf die Motoren geschraubt sind. Bei Einsatz von Werkzeugen ist äußerste Vorsicht geboten.

Bild 3.10 – Nachdem das Rotorblatt auf die Motorwelle gesteckt wurde, ist eine Unterlegscheibe draufzulegen. Zuletzt wird der Rotor mit einer Rotorspitze fixiert.

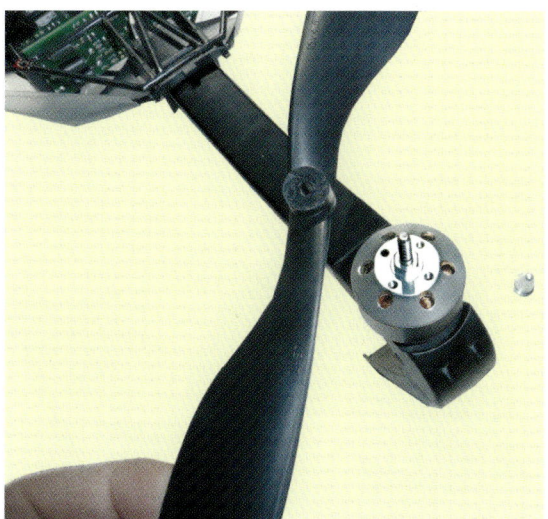

Bild 3.9 – Die Motoren der beiden seitlichen Ausleger drehen sich gegen den Uhrzeigersinn. Auf sie sind mit „Left" beschriftete Rotorblätter zu montieren.

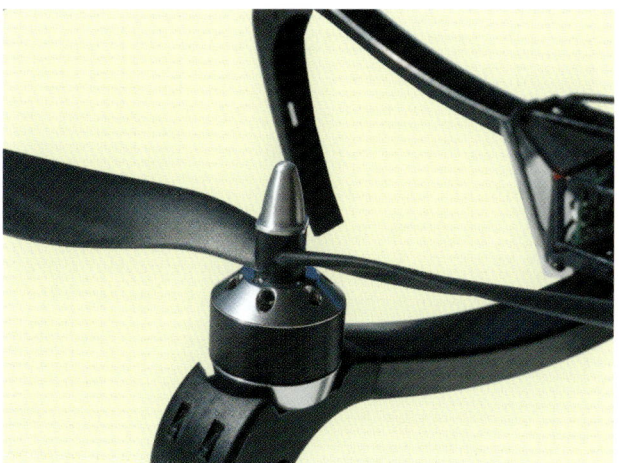

Bild 3.11 – Die Rotorspitze ist handfest anzuschrauben.

Bild 3.12 – Quadrokopter mit montierten Rotorblättern.

3.3 Empfänger flugfertig machen

Der zentrale Flugkörper besteht aus einem achteckigen, mehrfach mit Streben verstärkten Rahmen. In seinem Zentrum sind, auf mehrere Platinen aufgeteilt, die ausgeklügelte Steuerungselektronik und der Fernsteuerungsempfänger eingebaut. Anders als von anderen RC-Modellbaufahrzeugen gewohnt, kommt hier kein separater Sender zum Einsatz. Im Quadrokopter ist er als kleine Platine auf der mittleren Hauptplatine des Fluggeräts angebaut.

Der Quadrokopter 450 von Conrad ist mit einem 35-MHz-Empfänger ausgestattet. Für seinen Betrieb ist zusätzlich ein Fernsteuersender erforderlich. Er muss auf das 35-MHz-FM-A-Band ausgelegt sein und die Modulationsart PPM beherrschen. Außerdem ist ein 35-MHz-Quarzpaar erforderlich. Es legt die Frequenz fest, auf der der Fernsteuersender und der im Modell eingebaute Empfänger miteinander kommunizieren.

Der R/RX-Quarz ist im Quadrokopter einzubauen, was auf den ersten Blick umständlich erscheint. Der Steckplatz für den Funkkanalquarz ist am unteren Ende der mittleren Elektronikplatine zu finden. Wegen der zahlreichen Verstrebungen des Modellmittelteils erscheint es zunächst unmöglich, den Quarz überhaupt einsetzen zu können, zumal der Platz nicht annähernd reicht, um ihn mit den Fingern in Position zu bringen.

Leichter geht es über die Unterseite des Quadrokopters. Dazu ist allerdings zunächst die Unterseite des Gehäuses zu entfernen. Es ist mit vier Schrauben am Gehäuserahmen angeschraubt. Zahlreiche Verstrebungen, die der Stabilität des Fluggeräts dienen, versperren auch hier den direkten Zugang. Da der Empfängerquarz jedoch am unteren Ende der Platine einzubauen ist, lässt er sich gut mit einzelnen Fingern erreichen. Während er mit einer Zange von oben in die ungefähre Position gebracht wird, lässt er sich mit der zweiten Hand von unten in die genaue Einbaulage bringen und fest in die Quarzbuchse hineinschieben. So ist sicherer Halt gewährleistet. Zuletzt ist die untere Gehäusehalbschale wieder anzuschrauben.

Bild 3.13 – Der Empfangsquarz ist am besten mit einer Zange einzubauen.

Bild 3.14 – Mit etwas Übung gelingt dies trotz der beengten Platzverhältnisse.

Bild 3.15 – Sende- und Empfangsquarz müssen zusammenpassen.

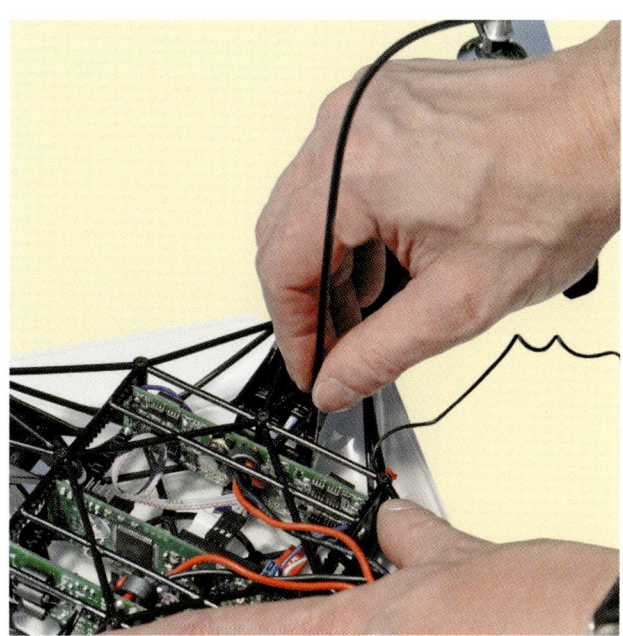

Bild 3.16 – Mit einer an einem Fähnchen aufgedruckten Kanalnummer wird die Arbeitsfrequenz des Quarzes kenntlich gemacht.

3.4 Antenneninstallation

Am 35-MHz-Empfänger ist eine Drahtantenne angeschlossen, die während des Flugbetriebs nicht zusammengerollt bleiben darf, da dies die Fernsteuerungsreichweite erheblich verkürzen würde. Den Draht einfach nur so herunterhängen zu lassen ist jedoch zu wenig. Es würde die Gefahr bestehen, dass er sich an drehenden Teilen verfängt und der Quadrokopter würde unweigerlich abstürzen. Um dies zu vermeiden, liegt dem Quadrokopter ein Antennenrohr bei. Bevor der komplett ausgerollte Antennendraht auf ihm aufgewickelt wird, ist er durch eine seitliche Öffnung am Gehäuse zu stecken. Auch das Antennenrohr ist am Gehäuse zu fixieren. Das Antennenkabel wird in Form einer Wendel auf das Antennenrohr aufgewickelt. Das noch verbleibende kurze Kabelende ist von oben in das Rohr zu stecken. Die Antenne kann mit einem Klebeband fixiert werden.

Bild 3.17 – Das Antennenrohr ist am Gehäuse anzustecken.

Bild 3.18 – Anschließend ist der Antennendraht um das Rohr zu wickeln.

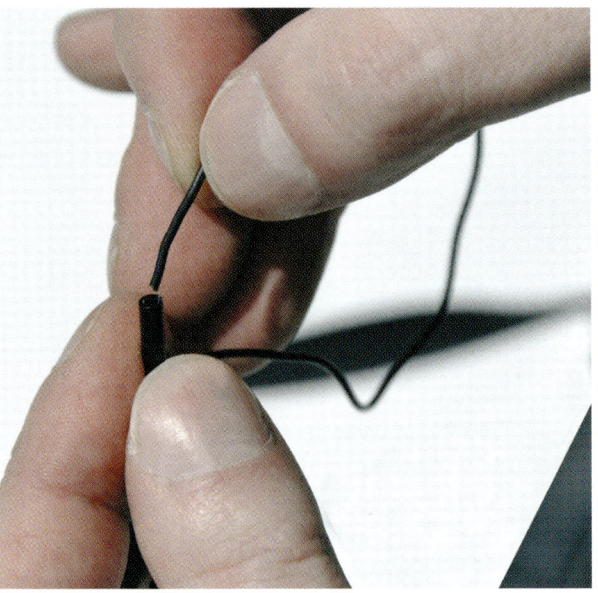

Bild 3.19 – Zuletzt ist das überstehende Ende ins Rohr zu stecken. Anschließend ist es mit dem im Lieferumfang enthaltenen Gummihütchen zu fixieren.

Bild 3.20 – Fertig installierte Antenne

Es ist darauf zu achten, dass das Kabel im Bereich der Elektronik keine Schleifen bildet, da dies die Reichweite beeinträchtigen kann.

3.5   2,4-GHz-Steuerung

Den Quadrokopter 450 ARF gibt es auch mit moderner 2,4-GHz-Funkanlage. Sie hat den Vorteil, dass bei ihr an Sender und Empfänger keine Quarze mehr benötigt werden, die eine bestimmte Steuerfrequenz vorgeben. Bei 2,4-GHz-Anlagen sind Sender und Empfänger untrennbar miteinander verbunden und können nicht durch andere Fernsteuerungen gestört werden. So kann man mit einem mit 2,4-GHz-System ausgestatteten Quadrokopter sofort überall bedenkenlos fliegen.

2,4-GHz-Steuerungen haben zudem den Vorteil, dass sie nur sehr kurze Antennen benötigen. Das erleichtert das Verlegen der Antenne am Modell erheblich. Auch das Handling der Fernsteuerung ist komfortabler, da man nicht befürchten muss, wegen Unachtsamkeiten die Antenne abzubrechen.

3.6   Akku einbauen

Ohne Strom geht nichts. Der Quadrokopter wird von einem kraftvollen Lithium-Polymer-Akku angetrieben. Er besteht aus

Bild 3.21 – Der Akku ist an der Oberseite mit Klettverschlussbändern gesichert.

drei Zellen und liefert 11,1 V. Seine Kapazität beträgt 2.500 mAh.

Um gleichmäßiges Flugverhalten zu gewährleisten, ist der Akku mittig einzubauen. Dazu sind durch den zentralen Gehäuserahmen zwei Klettverschlussbänder gefädelt, mit denen er genau im Mittelpunkt des Fliegers in Position gebracht und gehalten wird. Die Montage in der Mitte ist insofern wichtig, als damit eine gleichmäßige Gewichtsverteilung erreicht wird. Damit sich das Fluggerät gut steuern lässt und auch seine Flugeigenschaften voll entfalten kann, darf es zu keiner kopf-, heck- oder seitenlastigen Gewichtsverteilung kommen.

LiPo-Akkus haben zwei Anschlusskabel. Der Hochstromanschluss wird über eine rote und eine schwarze Leitung hohen Querschnitts hergestellt. An ihm sind bereits verpolungssichere Anschlüsse montiert, die ihr Gegenstück in der Anschlussleitung am Quadrokopter fin-

den. Zum Teil werden RC-Modellbau-Akkus ohne Stecker an den Hochstromleitungen geliefert. Deshalb ist oft zusätzlich ein Akkustecker erforderlich, der das Anstecken des Akkus am Quadrokopter erlaubt. Dieser Stecker ist erst am Akku zu montieren.

3.7 Akku richtig anschließen

Mit dem Anschließen des Akkus ist der Quadrokopter voll einsatzbereit und reagiert auf empfangene Fernsteuerimpulse. Bevor der Akku angeschlossen wird, sind deshalb eine Reihe von Vorarbeiten zu erledigen. Sofern das Modell mit einer 35-MHz-Steueranlage ausgestattet ist, ist sicherzustellen, dass die verwendete Frequenz im Umkreis nicht auch von einem anderen Hobbypiloten genutzt wird. Es gilt also, im Vorfeld abzuklären, wer

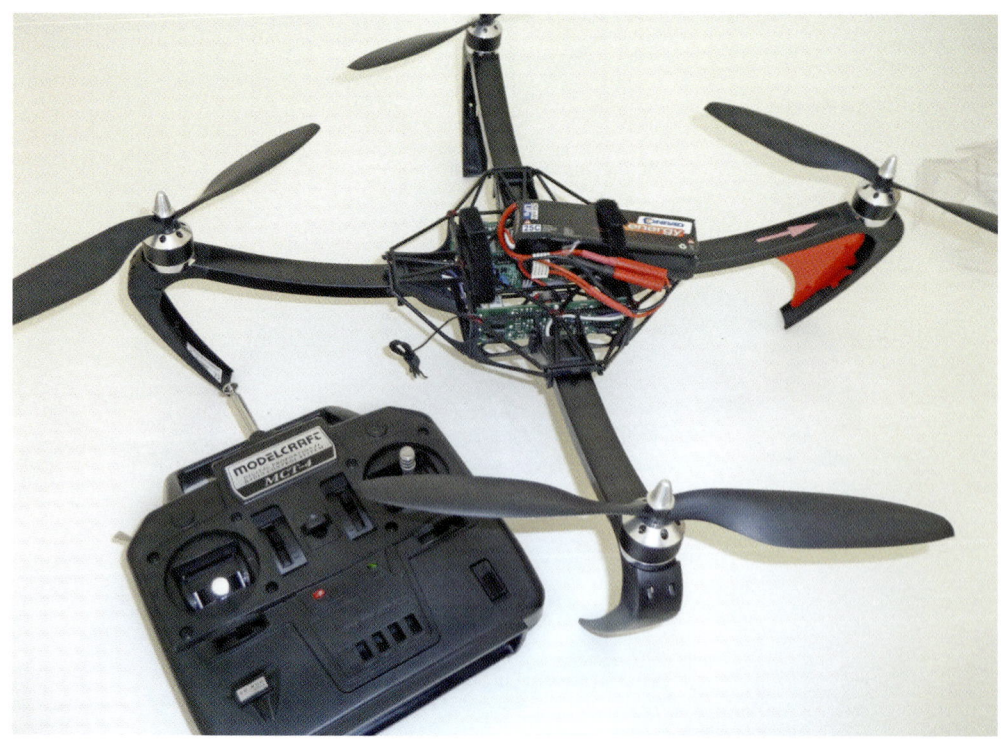

Bild 3.22 –
Vor dem Anschließen des Akkus ist die Fernsteuerung einzuschalten.

Bild 3.23 –
Der Akku ist
mittig auf dem
Zentralgehäuse
aufzusetzen
und mit Klett-
verschluss-
bändern zu
fixieren.

Bild 3.24 –
Aufgebauter
Akku von der
Seite betrachtet.

welche Funkkanäle nutzt. Arbeiten zwei Piloten auf derselben Frequenz, würde jede Fernsteuerung beide Flugmodelle ansprechen, was unweigerlich einen Verlust der Kontrolle nach sich ziehen und zu Abstürzen führen würde. Gegebenenfalls sind am Sender und Empfänger andere Funkkanalquarze zu stecken.

Nun sind am Sender alle Steuerknüppel in die Neutrallage / auf Aus zu stellen. Anschließend ist der Sender einzuschalten. Erst jetzt ist der Akku anzustecken. Mit dieser Vorgehensweise

Bild 3.25 – Der Quadrokopter sollte immer nach der allgemeinen RC-Pilotenregel (erst Fernsteuerung und erst dann RC-Modell ein) in Betrieb genommen werden.

wird erreicht, dass das Modell von Beginn an mit eindeutigen Funkbefehlen versorgt wird, die z. B. ein zufälliges Anlaufen der Rotoren vermeiden helfen. Damit wird eine mögliche Unfallgefahr ausgeschlossen.

Beim Ausbauen des Akkus ist in umgekehrter Reihenfolge vorzugehen: also zuerst den Akku vom Modell abklemmen und erst zuletzt die Fernsteuerung ausschalten.

3.8 Sicherheitseinrichtung eingebaut

Die Elektronik des Quadrokopters ist mit einer Sicherheitseinrichtung gegen versehentliches Anlaufen der Motoren ausgestattet. Wird der Akku bei ausgeschaltetem Sender, oder wenn der Steuerknüppel für Drehzahl/Pitch nicht auf Null gezogen wurde, angeschlossen, gibt die Steuerelektronik im Modell keinen Anlaufbefehl an die Motoren. Erst nachdem die Fernsteuerung aktiviert und der Drehzahl/Pitch-Steuerknüppel einmal auf Null gezogen wurde, gibt die Steuerelektronik den normalen Betriebszustand frei.

Selbst wenn diese Schutzeinrichtung in der Regel solide arbeitet, sollte man sich keinesfalls darauf verlassen und das Modell stets wie zuvor beschrieben (zuerst Sender bei Drehzahlknüppel auf Null und dann erst Akku anschließen) in Betrieb zu nehmen. Verinnerlicht man diese Vorgangsweise, wird man auch keine Probleme haben, wenn man einmal mit anderen RC-Modellen ohne Schutzeinrichtung fliegen möchte.

4 Der Lithium-Polymer-Akku

Akkus gibt es in vielen Ausführungen, die sich nicht nur in ihren Abmessungen, sondern auch in den technischen Eigenschaften und dem Prinzip, das ihnen zugrunde liegt, unterscheiden. Nicht alle Akkus eignen sich für alle Einsatzgebiete. Typische Haushaltsakkus geben nur relativ geringe Ströme ab und sind langsam aufzuladen. Damit eignen sie sich nicht für den RC-Modellbau und können nur in einfacheren Fernsteuerungen eingesetzt werden.

Für den RC-Modellbau, insbesondere für Hubschrauber und auch Quadrokopter, sind hochstromfähige Akkus erforderlich, die die Entnahme sehr hoher Ströme zulassen und auch schnellladefähig sind. Während der letzten Jahre konnte sich der Lithium-Polymer-Akku etablieren, der im RC-Modellbau beste Dienste leistet.

Diese Akkutype dominiert im gesamten Modellbau und hat die anderen Akkutypen verdrängt. RC-Flugmodelle, also auch Quadrokopter, werden durchweg mit LiPo-Akkus geflogen. Sie sind auch in Zubehörsets enthalten, die alles Erforderliche für den RC-Quadrokopter-Spaß enthalten. LiPo-Akkus sind in Schichtbauweise gefertigt, womit sie sehr dünn sind und in beliebiger Form hergestellt werden können.

Eine LiPo-Zelle hat eine Nennspannung von 3,7 V. Ihre Maximalspannung beträgt im voll aufgeladenen Zustand 4,2 V. Ihre Entladeschlussspannung liegt bei 3,0 V und darf keinesfalls unterschritten werden. LiPo-Akkus haben eine Lebensdauer von rund 200 bis 500 Ladezyklen, ohne merklich an Leistung zu verlieren.

Die Zellenspannung von 3,7 V ist für die meisten RC-Modelle zu gering. Deshalb sind in einem LiPo-Akku üblicherweise mehrere Zellen in Serie geschaltet, womit höhere Nennspannungen, wie etwa 7,4 V oder 11,1 V erreicht werden.

LiPo-Akkus haben zwei Anschlusskabel. Je ein roter und ein schwarzer Draht sind massiv ausgeführt. Sie sind die „Starkstromleitung", über die der Akku seine Energie an das Modell abgibt. Große Querschnitte sind wegen der teils sehr hohen Stromstärken, wie sie beim Modellflug gefordert werden, vonnöten.

LiPo-Akkus haben zusätzlich ein weiteres mehrpoliges Anschlusskabel aus feinen Drähten mit einem kleinen Stecker. Es ist der sogenannte Balancer-Anschluss, der erforderlich ist, um den LiPo-Akku schonend mit geeigneten Ladegeräten aufzuladen.

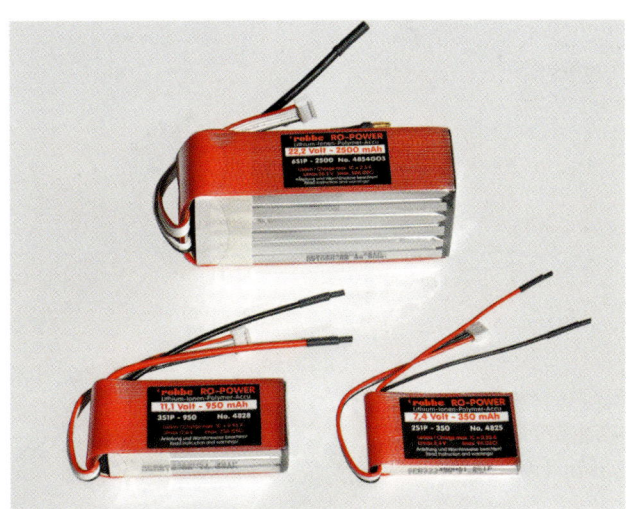

Bild 4.1 – In RC-Flugmodellen kommen hauptsächlich LiPo-Akkus zum Einsatz. Es gibt sie in allen erdenklichen Formen und Größen.

Bild 4.2 – Der LiPo-Akku hat neben dem stabil ausgeführten Hochstrom- auch einen sogenannten Balancer-Anschluss, der zum schonenden Laden des Akkus gebraucht wird.

Kennwerte: LiPo-Akku	
Abkürzung	LiPo
Zellenspannung	3,7 V
Minimale Zellenentladespannung	3,0 V
Ladezyklen	200 bis 500
Entladestrom	bis zu 50 C
Monatliche Selbstentladung	8 % der Nenn-kapazität

4.1 Lithium-Akkus nicht zu stark entladen

Mit Lithium-Akkus betriebene RC-Modelle haben entweder eine Akkuspannungsüberwachung eingebaut oder sie lässt sich, wie beim Quadrokopter, mit wenigen Handgriffen nachrüsten. Dazu werden kleine, handliche LiPo-Saver für 2- bis 4-zellige LiPo-Akkus angeboten. Sie bestehen aus einer einfachen Schaltung und einer hell leuchtenden LED. Der LiPo-Saver ist parallel zum Verbraucher, also dem Quadrokopter, an den Akku anzuschließen.

Der LiPo-Saver überwacht die Akkuspannung und gibt bei Erreichen der unteren Zellenentladespannung ein weithin sichtbares Lichtsignal über die an ihm fix angeschlossene LED ab. Damit bleibt noch genügend Zeit, das Flugmodell sicher zu landen. So kann man den Akku ausreichend vor Vollentladung und dauerhaften Schäden schützen. Der LiPo-Saver ist so im Modell zu platzieren, dass seine LED gut von unten erkennbar ist.

Bild 4.3 – LiPo-Saver werden für 2-, 3- und 4-zellige Akkus angeboten. Bild: Conrad

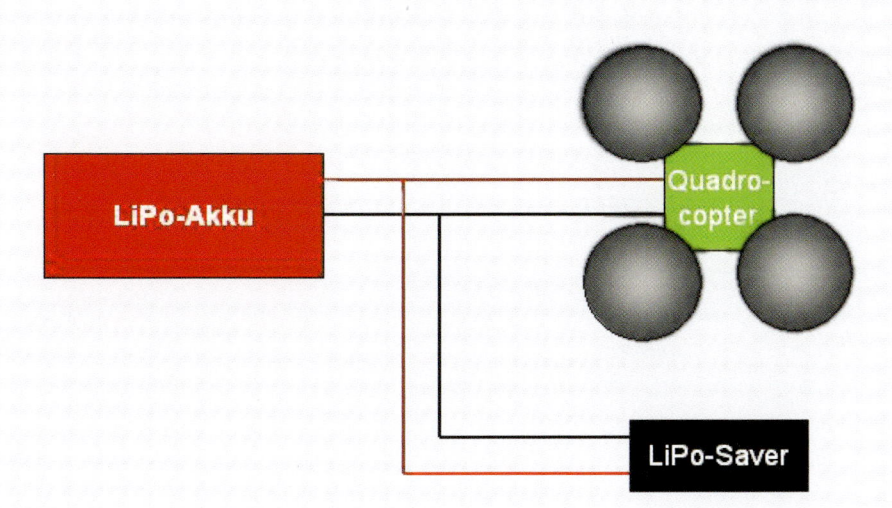

Bild 4.4 – Der LiPo-Saver ist am Akku parallel zum Verbraucher, in unserem Fall dem Quadrokopter, anzuschließen.

4.2   LiPo-Akkus richtig pflegen

Ein LiPo-Akku darf keinesfalls tiefentladen werden. Wurde er unter seine Entladeschlussspannung entladen, wirkt sich das beim nächsten Einsatz aus, indem er nur noch eine stark verkürzte Betriebsdauer bereitstellt. Die Akkukapazität kann in Folge sehr rasch auf 50 % oder weniger der Nennkapazität abfallen, womit kaum noch an einen RC-Einsatz zu denken ist.

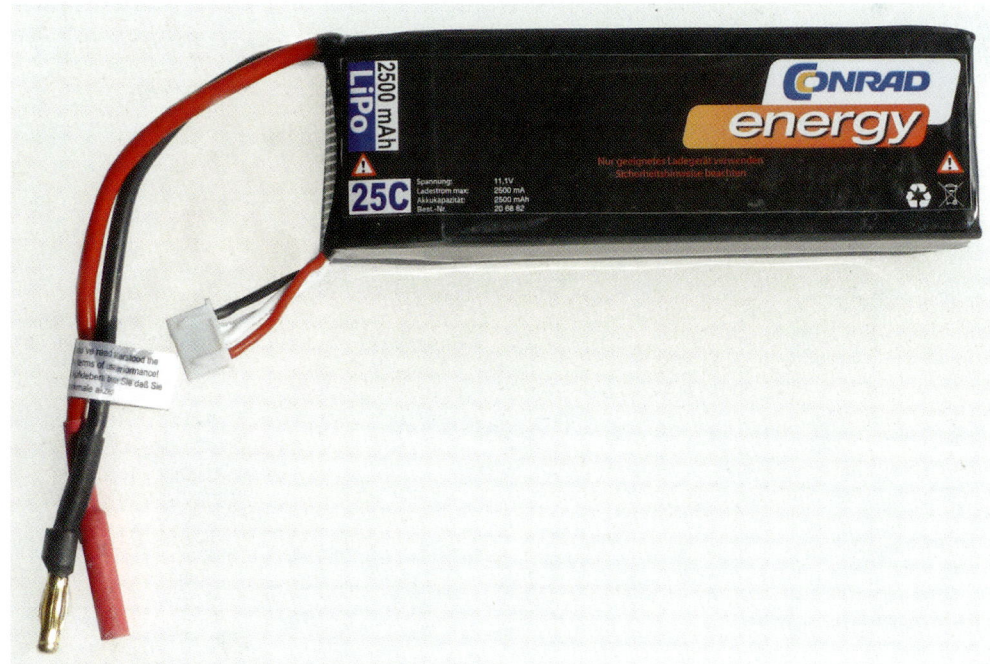

Bild 4.5 – Dreizelliger 11,1-V-LiPo-Modellbau-Akku mit einer Kapazität von 2.500 mAh; für seine Pflege ist eine hochwertige Ladestation erforderlich.

Da LiPo-Akkus sehr empfindlich auf Tiefentladungen reagieren, dürfen sie nicht im leeren Zustand gelagert werden. Sie würden sich währenddessen weiter entladen und dabei ganz zerstört.

Für länger als eine Woche nicht benötigte LiPo-Akkus sind auf rund 50 % ihrer Nennkapazität aufzuladen, was einer Zellenspannung von ca. 3,85 V entspricht. Bei diesem Ladezustand ist der chemische Zerfall am geringsten, womit auch längere Lagerungszeiten problemlos überstanden werden.

Der C-Wert

Der Stromverbrauch von RC-Modellen wird erheblich vom augenblicklichen Betriebszustand beeinflusst. Besonders hohe Stromstärken werden unter anderem beim Steigflug oder bei Beschleunigung benötigt. Sie muss der Akku bereitstellen können, ohne Schaden zu nehmen. Die zulässigen Entladeströme werden auf den RC-Akkus nur zum Teil in Klartext aufgedruckt. Häufig findet man, vor allem bei Lithium-Akkus, die Angabe in C-Einheiten. Wobei es mit z. B. „25 C" schon getan sein kann. Die Zahl ist ein Multiplikationsfaktor, der angibt, wie oft die in mAh angegebene Akkukapazität zu multiplizieren ist, wobei C eine variable Größe ist.

Hat ein Akku 2.500 mAh, also 2,5 Ah, wird für C eine Stromstärke von 2,5 A abgeleitet. Sie sind mit dem Multiplikationsfaktor, in unserem Fall 25, zu multiplizieren, woraus sich für diesen Akku ein maximaler Entladestrom von 62,5 A ergibt. Würde ein 1.000-mAh-Akku 20 C zulassen, könnten ihm nur maximal 20 A entnommen werden.

Bild 4.6 – Diese Akkus erlauben einen maximalen Entladestrom von 30 C, was beispielsweise beim 3.200-mAh-Akku 96 A ausmacht.

5 Die Fernsteuerung

Die Steuerung des Quadrokopters erfolgt über die Fernsteuerung, die dem RC-Neuling viele Fragen aufwirft. Wie bewegt man das Modell mit den beiden Knüppeln und wozu dienen die Schieberegler?

Damit man in der Lage ist, die Fernsteuerung richtig zu bedienen, muss man zuerst wissen, welche Funktionen die Bedienelemente haben. Diese sind zwar in den mitgelieferten Handbüchern beschrieben, jedoch erschweren häufig benutzte Fachbegriffe wie *Nick* und *Roll* das schnelle Verständnis.

5.1   Die Steuerknüppel

Beide Steuerknüppel lassen sich auf und ab und zu beiden Seiten bewegen. Bei genauer Betrachtung stellt man fest, dass sie nicht exakt gleich sind. Der rechte Hebel federt, egal, in welche Richtung man ihn bewegt, nach dem Loslassen wieder in die Mitte zurück. Der linke Knüppel macht dies nur bei der Seitwärtsbewegung. In Auf-Ab-Richtung bleibt er in der Stellung, in die man ihn gebracht hat. Die Funktion der beiden Steuerknüppel ist nicht

Bild 5.1 – Erst wenn man gut mit den Funktionen der Fernsteuerung vertraut ist, steht dem erfolgreichen Flugbetrieb nichts mehr im Weg.

einheitlich. Im RC-Modellbau haben sich vier Belegungsarten, man spricht von Modi, etabliert, die genau festlegen, welche Funktionen jeder Hebel ausführt. Sie werden als *Mode 1* bis *4* bezeichnet. Fernsteuerungen, wie sie Ready-to-Fly-Sets beigepackt sind, arbeiten meist im Mode 2, der auch bei RC-Hobbypiloten häufig anzutreffen ist. Oft lassen sich Fernsteuerungen auch auf andere Modi umprogrammieren.

5.2 Welcher Mode ist empfehlenswert?

Grundsätzlich eignen sich alle Modi gleich gut zum Steuern eines RC-Modells. Solange man Neuling ist, ist es ganz egal, mit welchem Mode man das Fliegen lernt. Hat man jedoch Bekannte, die bereits RC-Hubschrauber fliegen, oder beabsichtigt man einem Verein beizutreten, sollte man den gleichen Mode nutzen, den auch die anderen verwenden. Die meisten Hobbypiloten können nur mit „ihrem" Mode fliegen. Drückt man ihnen eine in einem anderen Mode arbeitende Fernsteuerung in die Hand, fliegen sie damit wie blutige Anfänger. Erlernt man das Fliegen mit demselben Mode, den auch Bekannte nutzen, können diese mit Rat und Tat zur Seite stehen und beim Erlernen des RC-Fliegens tatkräftig unterstützen.

Nachdem die meisten Fernsteuerungen ab Werk in Mode 2 arbeiten, werden wir uns in diesem Buch ebenfalls darauf beschränken. Alle Angaben, welche Hebel zu betätigen sind, basieren deshalb auf der Knüppelbelegung des Mode 2.

Jeder Knüppel führt zwei Funktionen aus, die im RC-Modellbau mit Fachbegriffen bezeichnet werden. Sie werden weiter unten auf Basis des Mode 2 erklärt.

5.3 Pitch

Der linke Knüppel ist, zumindest für Anfänger, der wichtigste. Mit ihm wird die Rotorendrehzahl geregelt. Vor dem Einschalten des Senders muss der linke Hebel ganz nach unten gezogen sein. Diese Stellung entspricht *Motor aus*. Rechts neben dem Steuerknüppel ist ein Schieberegler eingebaut. Er dient zur Voreinstellung der Mindestdrehzahl und ist mit dem Standgas eines Autos vergleichbar. Nur wenn der Schieberegler in die untere Endstellung gebracht ist, sind die Motoren des Quadrokopters bei ganz nach unten gezogenem linken Knüppel tatsächlich aus. Befindet er sich in Mittelstellung oder gar am oberen Anschlag, laufen die Motoren, sobald die Fernsteuerung eingeschaltet wird.

Durch langsames nach oben oder vom Körper Wegdrücken des Steuerknüppels wird das Gas, im RC-Fachjargon sagt man dazu „Pitch", und somit die Rotorendrehzahl erhöht. Dabei lässt sich gut beobachten, ab wann der Quadrokopter am Boden zu „schwimmen" beginnt, ehe er abhebt. Wie hoch er später fliegt, wird davon bestimmt, wie viel Pitch (Gas) gegeben wird. Durch Herunterziehen des linken Hebels wird die Drehzahl der Motoren wieder verringert und das Modell verliert wieder an Flughöhe.

5.4 Gier

Unter *Gier* versteht man beim Quadrokopter die Drehung um die Hochachse. Die Hochachse ist die senkrechte gedachte Achse von oben nach unten durch den mittleren Flugkörper des Modells. Diese Drehbewegung tritt bei RC-Einsteigern meist ungewollt aufgrund des Drehmoments der Rotoren auf.

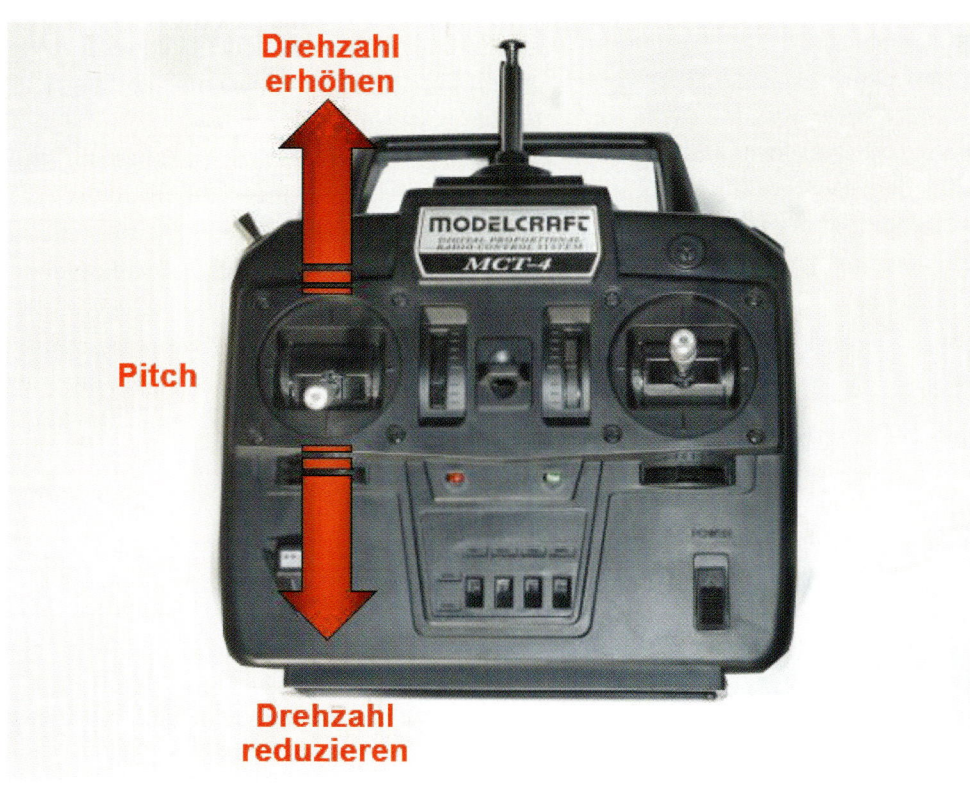

Drehzahl erhöhen

Pitch

Drehzahl reduzieren

Bild 5.2 – Mit der Auf-/ Abbewegung des linken Steuerknüppels regeln Sie die Rotordrehzahl. Damit wird auch die Flughöhe festgelegt (rote Pfeile).

Gier

Kurve gegen den Uhrzeigersinn

Kurve im Uhrzeigersinn

Bild 5.3 – Durch Bewegen des Knüppels nach links oder rechts wird Gier ausgeführt. Damit ändern Sie die Flug-richtung des Quadrokopters.

Autofahren und ein RC-Modell fernsteuern unterscheidet sich grundlegend voneinander. Im Auto bewegt man sich stets mit dem Fahrzeug nach vorn. Zum Linksfahren ist das Lenkrad stets nach links einzuschlagen, nach rechts entsprechend nach rechts.

Steuert man einen RC-Quadrokopter, ist man sozusagen nur ein Zuschauer, der das Fluggerät mal von vorn, mal von hinten und mal von der Seite von links oder rechts sieht. Das erfordert ständiges Umdenken, möchte man eine Kurve fliegen oder einem Hindernis ausweichen.

Nur wenn der Quadrokopter von einem wegfliegt und man ihn von hinten sieht, fliegt er nach rechts, wenn der Fernsteuerknüppel nach rechts ausgelenkt wird. Kommt das Fluggerät entgegen, ist für eine Rechtskurve nach links steuern.

Um stets die richtigen Lenkbefehle abzusetzen, muss man sich gedanklich in die Situation eines im Quadrokopter sitzenden Piloten versetzen. Links und rechts sind stets aus der Sicht des Cockpits zu betrachten. Das will gelernt sein.

Einfacher ist es, wenn man sich das Lenkverhalten mit „im Uhrzeigersinn" und „gegen den Uhrzeigersinn" einprägt. Das lässt sich für jede Flugrichtung gleichermaßen anwenden.

Durch die seitliche Auslenkung des linken Steuerknüppels wird Gier ausgeführt. So wird gezielt eine Flugrichtungsänderung erreicht. Beim Quadrokopter wird diese Bewegung nicht mit einem Heckrotor kontrolliert, sondern durch Drehzahländerung der einzelnen Rotoren zueinander erreicht.

Ein Auslenken des linken Hebels nach rechts führt zu einer Drehung im Uhrzeigersinn, also einer Kurve nach rechts, sofern man den Quadrokopter von hinten sieht. Gier wird beim Quadrokopterflug benötigt, um die Flugrichtung zu bestimmen.

Unter dem linken Hebel ist ebenfalls ein Schieberegler eingebaut. Mit ihm ist die Flugrichtung in der neutralen Mittelstellung einzustellen. Dreht sich der Quadrokopter in der Knüppel-Neutrallage im oder gegen den Uhrzeigersinn, ist mit dem Trimmregler eine Stellung zu suchen, mit der das Fluggerät ruhig in der Luft bleibt und von selbst keine Drehbewegung ausführt.

5.5   Nick

„Nick" beschreibt die Bewegung um die Querachse. Sie ist vergleichbar mit der Nickbewegung eines Kopfs.

Mit dem rechten Steuerknüppel bestimmt man, wohin der Quadrokopter fliegen soll. Durch Auslenken des rechten Steuerknüppels nach oben oder nach unten wird der Quadrokopter veranlasst, vor- oder zurückzufliegen. Drückt man den rechten Hebel nach vorn, wird das mit der roten Markierung versehene Landebein, also quasi die Vorderseite des Quadrokopters, nach unten gedrückt und er fliegt nach vorn. Wird der Knüppel nach unten gezogen, wird das Vorderteil angehoben und das hintere Ende des Modells senkt sich ab. Auf diese Weise fliegt der Quadrokopter rückwärts. Links neben dem rechten Hebel befindet sich ein Trimmregler. Er ist idealerweise so einzustellen, dass der Quadrokopter in Neutrallage des Hebels ruhig auf der Stelle schwebt. Ist er zu weit nach oben eingestellt, fliegt das Modell bereits in der Ruhelage des Steuerknüppels nach vorn. Bei zu weit nach unten gezogenem Regler würde es rückwärts fliegen.

5.6 Roll

Als „Roll" wird die Bewegung um die Längsachse bezeichnet. Sie ist mit dem Seitwärtsrollen einer Kugel vergleichbar. *Roll* wird durch die seitliche Auslenkung des rechten Steuerknüppels gegeben. Der Quadrokopter wird somit an einer Seite angehoben und fliegt zur Seite, ohne die Richtung seiner Längsachse zu verändern. Sofern man das Fluggerät von hinten sieht, driftet es beispielsweise nach rechts ab, wenn man den rechten Hebel zur rechten Seite auslenkt.

Mit dem unter dem rechten Steuerknüppel eingebauten Trimmregler ist die Ruhelage des Modells im Schwebeflug einzustellen. Befindet sich der Schieberegler zu weit seitlich, würde der Quadrokopter in der Ruhelage seitlich abdriften.

Modi im Detail

Mode 1:
Linker Steuerknüppel: auf/ab: Nick; seitwärts: Gier
Rechter Steuerknüppel:
auf/ab: Pitch; seitwärts: Roll

Mode 2:
Linker Steuerknüppel:
auf/ab: Pitch; seitwärts: Gier
Rechter Steuerknüppel:
auf/ab: Nick; seitwärts: Roll
Mode 2 wird am häufigsten genutzt.

Mode 3:
Linker Steuerknüppel:
auf/ab: Nick; seitwärts: Roll
Rechter Steuerknüppel:
auf/ab: Pitch; seitwärts: Gier

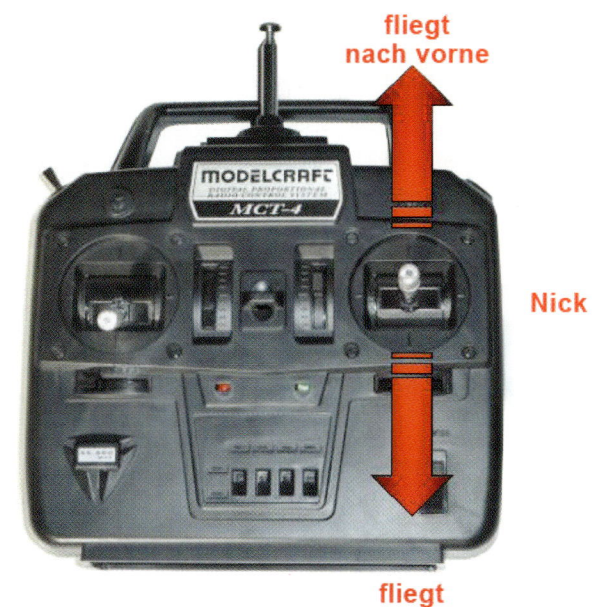

Bild 5.4 – Mit der Nick-Funktion kann man den Quadrokopter vor- und zurückfliegen lassen. Dazu ist im Mode 2 der rechte Steuerknüppel auf- oder abzubewegen.

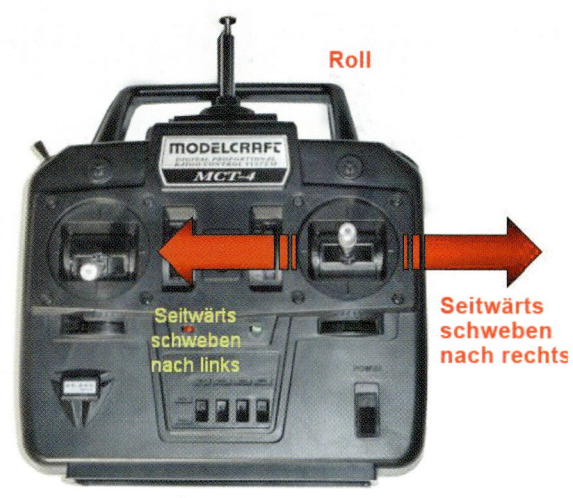

Bild 5.5 – Durch seitliches Auslenken des rechten Steuerknüppels lässt man den Quadrokopter nach links oder rechts schweben.

Bild 5.6 – Mit welchem Mode geflogen wird, ist letztlich egal. Bei der Entscheidung sollte man aber berücksichtigen, welchen Mode Hobbykollegen nutzen.

Mode 4:
Linker Steuerknüppel:
auf/ab: Pitch; seitwärts: Roll
Rechter Steuerknüppel:
auf/ab: Nick; seitwärts: Gier

5.7 Sender und Modell in Betrieb nehmen

Sofern es sich um eine 35-MHz-Anlage handelt, ist zuerst die Antenne der Fernsteuerung ganz auszuziehen. Vergewissern Sie sich vor dem Einschalten des Senders, dass der von Ihnen verwendete Funkkanal nicht auch von einem anderen RC-Hobbyisten in der Umgebung genutzt wird. Erst nachdem sichergestellt ist, dass jeder Pilot auf einer anderen Frequenz arbeitet, kann die Fernsteuerung eingeschaltet werden. Erst nachdem sie eingeschaltet ist, darf auch das Modell in Betrieb genommen werden. Beim Ausschalten ist in umgekehrter Reihenfolge vorzugehen.

5.8 Wie weit funktioniert eine Fernsteuerung?

Sofern die Akkus der Fernsteuerung voll aufgeladen sind, lässt sich das Fluggerät weiter fliegen, als man es noch sehen kann. Die Grenzen der Fernsteuerbarkeit des Quadrokopters sind also nicht technischer Ursache.
Um den Quadrokopter zuverlässig steuern zu können, muss seine Lage in der Luft eindeutig erkennbar sein. Nur wenn man ausmachen kann, wo beim Quadrokopter vorn und hinten

ist, lässt er sich auch richtig steuern. Damit ist die äußere Steuerbarkeitsgrenze dadurch bestimmt, wie lange man die rote Kunststofffahne am vorderen Landebein eindeutig erkennt.

Erkennt man nicht mehr genau, in welche Richtung das Modell fliegt, besteht große Gefahr es zu verlieren. Falsch gegebene Richtungsbefehle können dazu führen, dass man es ganz aus dem Sichtbereich verliert, nicht mehr steuern kann und es letztlich abstürzt.

Vor allem sehr kleine Modelle und solche, die sich schwer erkennen lassen, sollte man deshalb nur in seiner näheren Umgebung fliegen lassen. Dazu gehört auch der Quadrokopter, dessen Ausrichtung wegen seines symmetrischen Aufbaus grundsätzlich schwerer zu erkennen ist, als etwa bei einem klassischen Hubschrauber oder einem Flugzeug.

Bild 5.7 – Fernsteuerungen reichen weiter, als man das Modell noch gut am Himmel erkennen kann.

6 RC-Frequenzbereiche

Für den RC-Modellbau sind mehrere Frequenzen reserviert. Nur sie dürfen z. B. für ferngesteuerte Hubschrauber, Flugzeuge usw. verwendet werden. Zu beachten gilt, dass nicht für jedes ferngesteuerte Modell eine individuelle Frequenz bereitsteht. Das zur Verfügung stehende Frequenzspektrum muss von mehreren Modellen genutzt werden.

Fliegt man auf einem Modellflugplatz, muss man sich vergewissern, dass die genutzte Frequenz von keinem anderen RC-Hobbyisten verwendet wird. Dazu gibt es auf jedem Modellflugplatz eine sogenannte Frequenztafel, auf der jeder Pilot die von ihm gerade genutzten Frequenzen für alle leicht ersichtlich angibt.

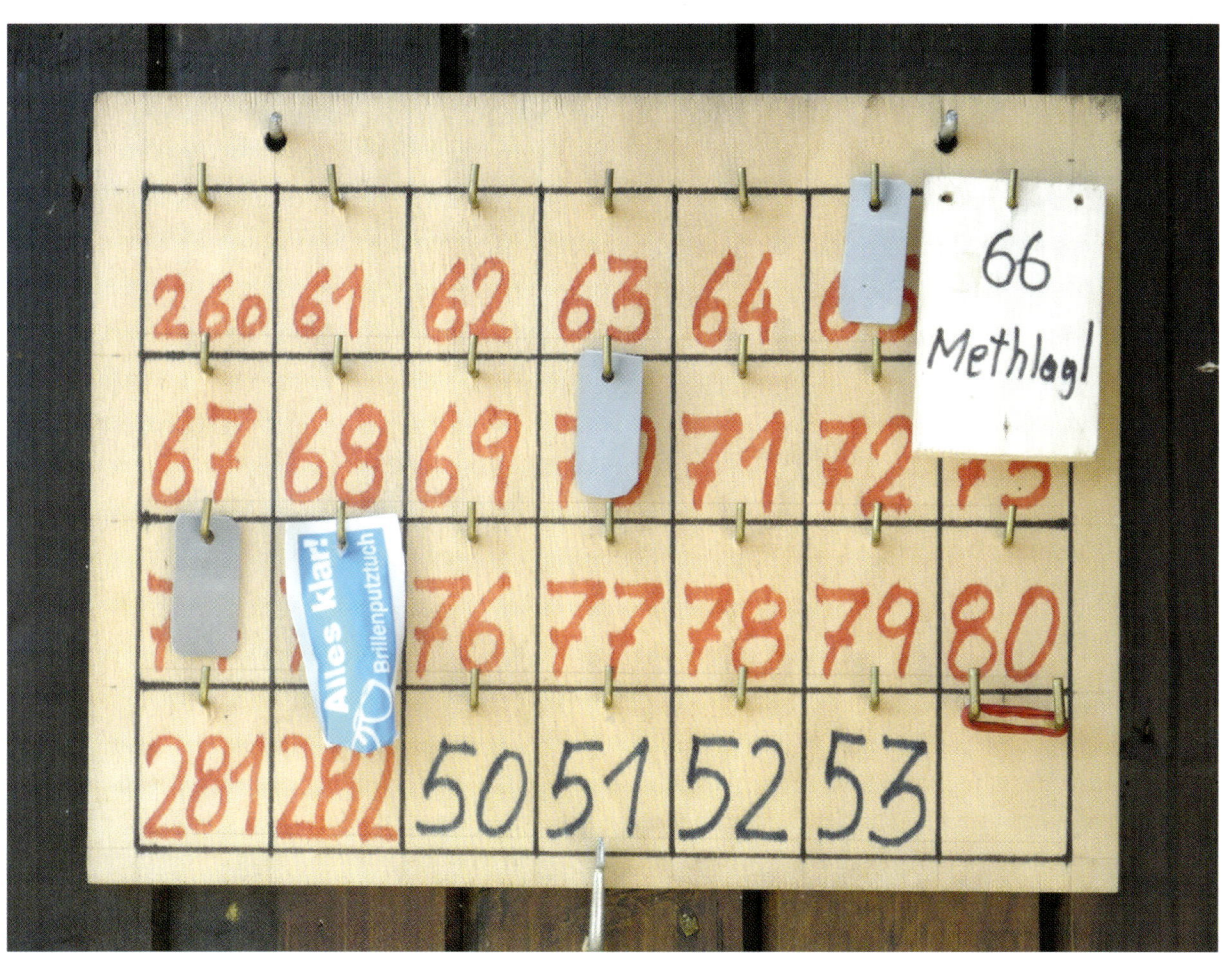

Bild 6.1 – Eine Frequenztafel informiert auf Modellflugplätzen, welche Frequenzen von welchen Hobbyfreunden genutzt werden.

Bild 6.2 – Sendequarze im Detail

6.1 Den Quarz tauschen

Im 35- oder 40-MHz-Bereich arbeitende Fernsteuerungen und die Empfangseinheiten in den Modellen sind mit auswechselbaren Quarzen bestückt. Sie geben die Frequenz vor, auf der sie arbeiten. Diese Quarze sind von außen leicht zugänglich und steckbar ausgeführt. Mit wenigen Handgriffen lassen sie sich tauschen. Für den Modellflieger empfiehlt es sich, mehrere verschiedene Quarze (und somit Frequenzen) vorrätig zu haben. Damit kann er sein Equipment vor Ort leicht auf einen noch freien Kanal abstimmen. Er muss dann nicht so lange warten, bis ein anderer, der die gleiche Frequenz nutzt und schon früher am Platz war, seinen Flugbetrieb einstellt.

Es werden stets zwei gleiche Quarze benötigt: je einer für die Fernsteuerung und für den Empfänger im RC-Modell. Nur wenn beide mit Quarzen ausgerüstet wurden, die auf der gleichen Frequenz arbeiten, sind Sender und Hubschrauber per Funk miteinander verbunden.

Bild 6.3 – Der Sendequarz steckt an der Oberseite der Fernsteuerung und lässt sich leicht mit den Fingern herausziehen.

Dies trifft allerdings nur auf die älteren Frequenzbereiche zu. Fliegt man mit einem zeitgemäßen 2,4-GHz-System, muss man sich darum nicht mehr zu kümmern, da sich die Fernsteuerungen hier nicht mehr gegenseitig stören können.

6.2 Welche Frequenzen sind zulässig?

Nicht alle für den Modellbau reservierten Frequenzen dürfen von allen Arten von RC-Modellen verwendet werden. So ist der 35-MHz-Bereich in Deutschland ausschließlich dem Modellflug, und somit auch für Quadrokopter, reserviert. Das schafft eine gewisse Betriebssicherheit, da man so davon ausgehen kann, dass beispielsweise keine ferngesteuerten Autos oder Boote den Flugbetrieb beeinträchtigen können.

Bild 6.4 – Auch beim Modell ist der Quarz leicht zugänglich eingebaut. Er lässt sich mit einer Zange schnell gegen einen anderen austauschen.

Flugfunkfrequenzen Deutschland	
Frequenzen im 35-MHz-Band ausschließlich für Flugmodelle:	
Frequenz	Kanalnummer
35,01 MHz	61
35,02 MHz	62
35,03 MHz	63
35,04 MHz	64
35,05 MHz	65
35,06 MHz	66
35,07 MHz	67
35,08 MHz	68
35,09 MHz	69
35,10 MHz	70
35,11 MHz	71
35,12 MHz	72
35,13 MHz	73
35,14 MHz	74
35,15 MHz	75
35,16 MHz	76
35,17 MHz	77
35,18 MHz	78
35,19 MHz	79
35,20 MHz	80
35,82 MHz	182
35,83 MHz	183
35,84 MHz	184
35,85 MHz	185
35,86 MHz	186
35,87 MHz	187
35,88 MHz	188
35,89 MHz	189
35,90 MHz	190
35,91 MHz	191

Außerdem kann auch der 40-MHz-Bereich für Flugmodelle zum Einsatz kommen. Dieser Bereich ist jedoch nicht ausschließlich der Fliegerei vorbehalten, womit man mit 40-MHz-Anlagen eine geringere Flugsicherheit hat.
Die Tabellen geben darüber Aufschluss, welche 35- und 40-MHz-Frequenzen für den Flugbetrieb in Deutschland und Österreich zulässig sind.

Frequenzen im 40-MHz-Band für RC-Modellbau (also auch RC-Autos, -Boote …):	
Frequenz	Kanalnummer
40,665 MHz	50
40,675 MHz	51
40,685 MHz	52
40,695 MHz	53

Die Kanäle 54 bis 92 im Bereich von 40,715 MHz bis 40,985 MHz sind nur für RC-Boote und -Autos zugelassen.

Flugfunkfrequenzen Österreich	
Frequenzen im 35-MHz-Band ausschließlich für Flugmodelle:	
Frequenz	**Kanalnummer**
35,0 MHz	260
35,01 MHz	61
35,02 MHz	62
35,03 MHz	63
35,04 MHz	64
35,05 MHz	65
35,06 MHz	66
35,07 MHz	67
35,08 MHz	68
35,09 MHz	69
35,10 MHz	70
35,11 MHz	71
35,12 MHz	72
35,13 MHz	73
35,14 MHz	74
35,15 MHz	75
35,16 MHz	76
35,17 MHz	77
35,18 MHz	78
35,19 MHz	79
35,20 MHz	80
35,21 MHz	281
35,22 MHz	282

Frequenzen im 40-MHz-Band für Modellbau (also auch RC-Autos, -Boote …):	
Frequenz	**Kanalnummer**
40,665 MHz	50
40,675 MHz	51
40,685 MHz	52
40,695 MHz	53

6.3   2,4-GHz-Frequenzen

Sie haben sich im RC-Modellbau inzwischen etabliert und gewinnen schnell an weiterer Verbreitung. Für den RC-Modellbau ist der Bereich von 2,400–2,4835 GHz vorgesehen, der auch von anderen Funkdiensten wie dem Amateurfunk genutzt wird. Dennoch spricht vieles für den 2,4-GHz-Bereich. Es sind keine Quarze und keine manuelle Frequenzvorwahl mehr erforderlich. Durch die sogenannte Spread-Spectrum-Modulation, das Frequenz-Hopping und die Codierung von Sender und Empfänger ergeben sich vereinfacht ausgedrückt über 130 Millionen Kanäle, die für die Steuerung eines Modells zur Verfügung stehen. Daraus ergibt sich auch eine besonders hohe Sicherheit gegen Gleichkanalstörungen. Ein 2,4-GHz-System sucht sich stets automatisch eine freie Frequenz. Außerdem sprechen höhere Reichweiten und Sicherheit sowie sehr kleine Sende- und Empfangsantennen für die neue Technologie. Auf 27–40 MHz arbeitende Fernsteuerungen haben immer eine über 80 cm lange Antenne, die stets voll ausgezogen sein muss. Schon bei geringer Unachtsamkeit hat man sie geknickt oder gar ganz abgebrochen. Daneben erfordern auch die Modelle für diese tiefen Frequenzen lange Empfangsantennen, die sich nicht ohne Weiteres unterbringen lassen und z. B. aus dem Modell heraushängen. 2,4-GHz-Antennen sind indes sehr kurz und lassen sich sogar bequem im Inneren eines Modells unterbringen.

2,4-GHz-Fernsteueranlagen finden sich vermehrt auch in ARF- und RtF-Sets. Auch den Quadrokopter gibt es mit 2,4-GHz-System. 2,4-GHz-Fernsteueranlagen, bei denen Sender und Empfänger untrennbar aneinander angelernt sind, lassen sich auch nachrüsten.

7 Sender anlernen

Im Auslieferungszustand kennen sich Sender und Empfänger des Quadrokopters noch nicht. Damit er gesteuert werden kann, ist zunächst die Fernsteuerung auf das Fluggerät anzulernen. Bevor der Quadrokopter in den Programmiermodus versetzt wird, ist ein eventuell angeschlossener Akku zu entfernen. Außerdem sind zu einem PC führende Verbindungskabel abzustecken.

Zum Erreichen des Programmiermodus ist an der mittleren Platine eine Steckbrücke, auch *Jumper* genannt, zu setzen. Das Jumper-Steckfeld befindet sich auf derselben Seite, auf der auch der Empfängerquarz eingebaut ist. Es ist an der rechten oberen Seite angeordnet und leicht zugänglich. Der Jumper ist von oben nach unten auf die äußersten rechten Kontaktstifte zu stecken.

Anschließend ist der Sender einzuschalten. Zuvor ist sicherzustellen, dass der Gasknüppel auf *Motoren aus* steht. Dazu muss der Knüppel ganz nach unten gezogen und in Mittelstellung gebracht werden. Außerdem sind alle Trimmhebel und Trimm-Schieberegler der Steuerknüppel in die Mittelstellung zu bringen. Dies ist die erste Grundvoraussetzung, damit der

Bild 7.1 – Um den Quadrokopter in den Programmiermodus zu versetzen, ist zuerst ein Jumper am äußeren Rand der mittleren Platine zu setzen.

Bild 7.2 – Erst dann ist der Akku am Quadrokopter anzuschließen. Zuvor ist die Fernsteuerung einzuschalten.

Quadrokopter nach dem Anschluss des Flugakkus den Sender auch wirklich zuverlässig erkennt. Erst jetzt ist der Sender einzuschalten. Das Anlernen der Fernsteuerung an den Quadrokopter erfolgt nach einer fix vorgegebenen Reihenfolge. Zuerst sind Pitch, Gier, Nick und Roll anzulernen.

Allein die Reihenfolge zählt. Mit ihr kann man mit wenigen Schritten jeden der vier Fernsteuermodi einprogrammieren, denn es kommt einzig darauf an, welcher Hebel zuerst bewegt wird. Er wird für die Pitch-Funktion festgelegt. Bewegt man beispielsweise den linken Hebel auf und ab, hat man die erste Funktion entsprechend dem weitverbreiteten Mode 2 angelernt. Würde man stattdessen den rechten Knüppel auf- und abbewegen, würde man Mode 1 anlernen usw.

Während des Anlernens ist auf die korrekte Gabe der Richtung der Hebelbewegungen zu achten, da anderenfalls die Signale invertiert abgespeichert werden würden. Das würde z. B. bedeuten, dass Motorvollgas erreicht würde, wenn man den Gashebel ganz nach unten, also zum Körper zöge.

Die folgenden Schritte beschreiben, wie die Fernsteuerung im Mode 2 an den Quadrokopter anzulernen ist.

7.1 Pitch programmieren

Nachdem die Fernsteuerung eingeschaltet wurde, ist der aufgeladene Akku am Quadrokopter anzuschließen. Dieser startet mit einem Selbsttest und fährt mit dem Einlernen der Kanäle fort. Anhand der Gasstellung erkennt der Quadrokopter automatisch, welcher Kanal für das Gas verwendet werden soll. Als Bestätigung pulsiert die rote LED des Modells im 2er-Rhythmus.

Für RC-Einsteiger ist es jedoch leichter verständlich, wenn sie während des Anlernvorgangs auch die Pitch-Bewegung des Steuerknüppels ausführen, was der Quadrokopter ebenfalls zulässt. Dabei ist der linke Hebel bis auf Endausschlag vom Körper weg, also nach oben, auszulenken. Hier ist für einige Sekunden zu verharren, bevor das Gas wieder auf Null zurückgeregelt wird.

Zur Bestätigung, dass der Quadrokopter den Knüppelausschlag Pitch zuordnen konnte, blinkt seine rote LED jeweils zweimal kurz auf. Danach folgt eine längere Pause. Die Signalisierungs-LED befindet sich auf der gegenüberliegenden Platinenseite im Bereich des gesteckten Jumpers.

Bild 7.3 – Zum Anlernen von Pitch ist der linke Steuerknüppel bis zum oberen Endausschlag auszulenken und für einige Sekunden gedrückt zu halten.

7.2   Gier programmieren

Anschließend ist der linke Steuerknüppel zum Anlernen der Gier-Funktion nach links unten auf Vollausschlag auszulenken. In dieser Position ist er für einige Sekunden ruhig zu halten. Dadurch erkennt der Quadrokopter den Gier-Kanal und speichert ihn ab. Anschließend ist der linke Steuerknüppel wieder zur Neutralstellung zurückzubewegen. Pitch bleibt dabei weiterhin auf Null.

Zur Bestätigung pulsiert die rote LED des Quadrokopters je dreimal kurz hintereinander, gefolgt von einer etwas längeren Pause. Die daneben auf der Platine eingebaute grüne LED zeigt im jeweiligen Konfigurationsschritt die Kanalnummer an, solange der Steuerknüppel ausgelenkt bleibt. Dies dient jedoch nur der allgemeinen Information.

Während des Anlernprozesses darf jeweils nur der geforderte Hebel bewegt werden, sonst kann der Quadrokopter die Bewegung nicht erkennen.

Bild 7.4 – Zum Anlernen von Gier ist der linke Steuerknüppel bis zum linken Endausschlag auszulenken und für einige Sekunden gedrückt zu halten.

7.3 Nick programmieren

Zum Erlernen der Nick-Funktion ist der rechte Hebel aus der mittleren Neutralposition nach oben auf Vollausschlag auszulenken und dort für einige Sekunden gedrückt zu halten. Damit erkennt der Quadrokopter den Nick-Kanal und speichert ihn ab. In Folge ist der rechte Steuerknüppel wieder bis auf die Neutralstellung zurückzuziehen. Der linke, inzwischen auf Pitch und Gier angelernte Hebel darf währenddessen nicht bewegt werden. Durch viermaliges kurzes Blinken der roten

LED, gefolgt von einer Pause, wird angezeigt, dass Nick erfolgreich programmiert wurde.

7.4 Roll programmieren

Zuletzt ist der rechte Steuerknüppel zum Anlernen von Roll aus der mittleren Neutrallage ganz nach links auszulenken und für einige Sekunden gedrückt zu halten. Der Quadrokopter erkennt dadurch den Roll-Kanal und speichert ihn ab. Danach ist der

Bild 7.5 – Zum Anlernen von Nick ist der rechte Steuerknüppel bis zum oberen Endausschlag auszulenken und für einige Sekunden gedrückt zu halten.

rechte Hebel wieder in die mittlere Neutrallage zurückzubewegen.

Der nun erfolgreich abgeschlossene Programmiervorgang wird durch Erlöschen der roten LED signalisiert. Die grüne LED leuchtet nun dauerhaft.

7.5   Programmierung beenden

Anschließend ist der Akku vom Quadrokopter abzustecken. Nun ist die zuvor gesetzte Jumper-Brücke wieder von den Kontaktstiften abzuziehen. Damit wird der Programmiermodus des Quadrokopters wieder aufgehoben.

Der Quadrokopter kann übrigens jederzeit auf einen anderen Fernsteuerungsmode angelernt werden. Dazu ist nur wieder der Programmier-Jumper zu setzen und die Programmierung, wie bereits beschrieben, zu wiederholen – nur mit dem Unterschied, dass nun die Knüppel entsprechend der Belegung des gewünschten Modes bewegt werden.

Ab Version 3.0 der Firmware kann noch ein weiterer Kanal für das Ein- und Ausschalten

Bild 7.6 – Zum Anlernen von Roll ist der rechte Steuerknüppel bis zum linken Endausschlag auszulenken und für einige Sekunden gedrückt zu halten.

des Agility-Mode angelernt werden. Dazu muss ein Schalter einmal ein- und wieder ausgeschaltet werden. Wenn kein Schalter vorhanden ist oder keiner betätigt wird, wird der Agility-Mode ausgeschaltet und kann auch nicht aktiviert werden.

Unter *Agility-Mode* versteht man einen Gyrostabilisierten Zustand einer oder mehrerer Flugachsen. Dabei versucht das Fluggerät, einen bestimmten Winkel während des Flugs beizubehalten. Damit wird ein ruhigeres Flugverhalten erreicht, von dem vor allem Fluganfänger profitieren. Im Gegenzug kann für Flugprofis ein abgeschalteter Agility-Mode interessanter sein. Damit wird auf die aktive Lageerkennung verzichtet und das Fluggerät richtet sich nicht wieder von allein waagrecht aus. Das erlaubt rasanteres Fliegen und sogar Loopings.

7.6 Abgleich der Neutrallage

Damit die Stabilisierung des Quadrokopters korrekt arbeitet, muss die Neutrallage eingestellt werden. Darunter versteht man die Position, die der Quadrokopter versucht zu stabilisieren, sofern kein anderes Flugmanöver gewünscht ist.

Zum Durchführen eines Abgleichs der Neutrallage ist zuerst der Sender einzuschalten. Der Gashebel ist auf Null zu stellen. Alle anderen Hebel und die Trimmungen sind in Neutralstellung zu bringen. Anschließend ist der Quadrokopter auf eine waagrechte und ebene Fläche zu stellen.

Es ist von entscheidender Bedeutung, die Neutrallage des Quadrokopters möglichst genau einzustellen. Dabei ist es unumgänglich, die Neutrallage auf einer absolut horizontalen Unterlage einzustellen. Idealerweise wird die Standfläche mit einer Wasserwaage überprüft. Erst jetzt ist der Akku anzuschließen. Die rote LED des Quadrokopters muss nun aus sein, nur die grüne darf leuchten. Nun ist der Gashebel auf Vollausschlag und gleichzeitig Gier auf rechten Endausschlag zu bewegen. Ausgehend von Mode 2 ist der linke Hebel an die rechte obere Ecke zu bewegen. Sobald die Neutrallage abgespeichert ist, blinkt die grüne LED des Quadrokopters als Bestätigung. Nun ist das Gas wieder zur Nullposition und Gier in die Neutralstellung zu bringen. Nick und Roll bleiben ebenfalls in Neutralstellung. Die rote LED ist weiterhin aus und die grüne leuchtet. Nun ist der Quadrokopter flugbereit.

Wird die Neutrallage nicht programmiert, verwendet der Quadrokopter entweder die Werkseinstellung oder den zuletzt gespeicherten Wert.

Die Programmierung der Neutrallage wird vor dem Erstflug dringend empfohlen. Wegen anderer Umgebungsbedingungen am Flugort ist die Werkseinstellung ziemlich ungenau.

Sollte der Quadrokopter trotz Trimmungen am Sender immer noch nach einer Richtung ausbrechen, ist ein erneuter Abgleich der Neutrallage erforderlich. Dabei muss der Quadrokopter leicht an der Seite angehoben werden, in die er ausbricht. Somit wird diese manipulierte Position als neue Nulllage abgespeichert.

7.7 In Betrieb nehmen

Der Quadrokopter unterscheidet sich von anderen RC-Flugmodellen bei der Steuerung in einem kleinen, aber praktischen Detail. Üblicherweise braucht der linke Hebel nur etwas nach oben gedrückt zu werden, damit der

Bild 7.7 – Der Quadrokopter verfügt über eine Ein-Aus-Funktion. Zum Einschalten der Motoren ist der linke Steuerknüppel zunächst kurz zum linken Endausschlag zu bewegen.

Motor anzulaufen beginnt (Mode 2). Bewegt man aber den Pitch-Hebel bei der Fernsteuerung des Quadrokopters nach oben, tut sich gar nichts. Anlernprozess missglückt? Nein. Der Quadrokopter verfügt über eine Ein-Aus-Funktion. Zum Einschalten der Motoren ist der linke Steuerknüppel zunächst kurz zum linken Endausschlag zu bewegen. Dabei muss der Hebel am unteren Ende des Ausschlags bewegt werden, was „kein Gas" entspricht. Unmittelbar darauf beginnen die Motoren des Quadrokopters sich im Leerlauf zu drehen. Als Erstes

starten der vordere und unmittelbar darauf der hintere Motor der Längsachse. Ihnen folgen die beiden seitlichen Motoren. Erst jetzt kann das erforderliche Gas gegeben werden, damit der Quadrokopter seinen Flug antreten kann.

Wird der Pitch-Hebel wieder ganz nach unten gedrückt, laufen die vier Motoren mit Leerlaufdrehzahl weiter. Um sie komplett auszuschalten, ist der linke Knüppel in der unteren Endposition kurz zum rechten Endausschlag auszulenken. Damit werden die Motoren wieder abgeschaltet.

8 Einstellen des Flugmodus

Fortgeschrittene RC-Piloten mit programmierbaren Fernsteuerungen wissen, dass sich die Steuerknüppelausschläge und die am Modell dadurch hervorgerufenen Reaktionen programmieren lassen. Standardfernsteuerungen arbeiten linear. Das heißt, dass sich Knüppelausschlag und Reaktion synchron zueinander verhalten. Wird der Gashebel bis zur Mitte ausgelenkt, arbeiten die Motoren mit Halbgas, bei einer Dreiviertelauslenkung mit drei viertel von Vollgas usw.

Dieses lineare Steuerverhalten nicht unbedingt erwünscht. Mit einem sogenannten *negativen Expo* erreicht man, dass der Quadrokopter

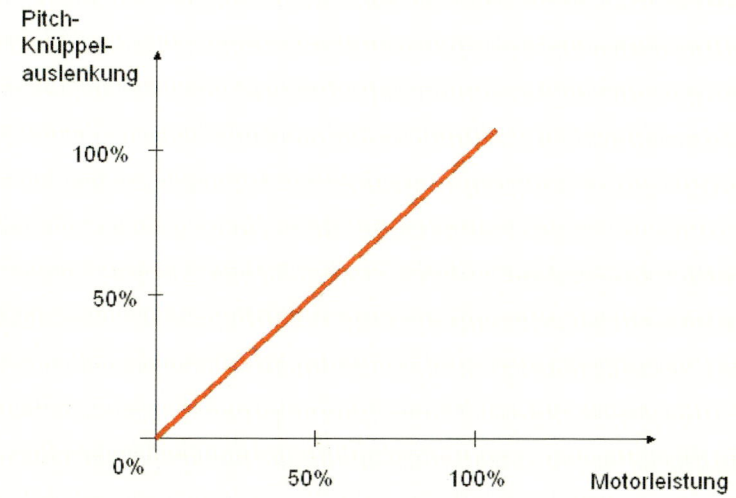

Bild 8.1 – Lineare Steuerung, wie sie üblicherweise einfache Fernsteuerungen bieten.

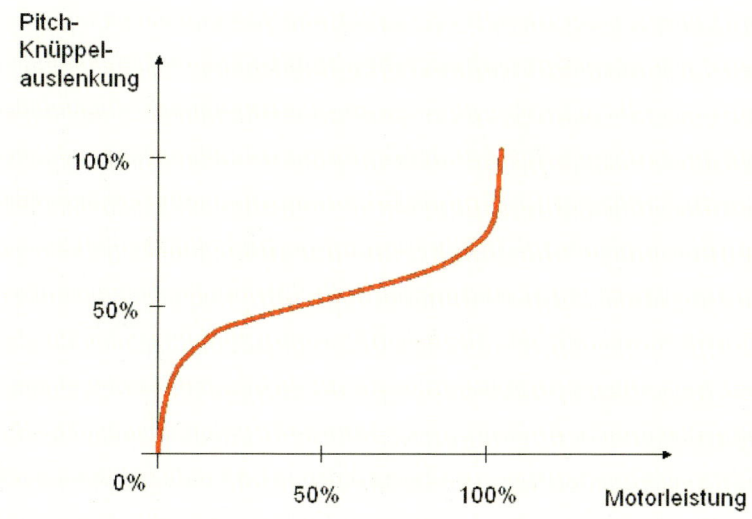

Bild 8.2 – Individuell angepasster Kurvenverlauf; im mittleren Steuerbereich ist eine sehr feinfühlige Steuerung möglich.

am Anfang der Steuerbewegung relativ träge, dafür aber bei stärkeren Steuerausschlägen umso heftiger auf den Steuerbefehl reagiert. Von diesem Verhalten profitieren besonders Einsteiger, die anfänglich dazu neigen, die Knüppel heftiger zu bewegen und somit mehr auszulenken, als eigentlich erforderlich wäre. Damit wird das Modell laufend übersteuert.

Ein negatives Expo ist nur bei den drei Steuerachsen, Roll, Nick und Gier erwünscht. Für Pitch, also Gas, sollte kein negatives Expo gewählt werden. Mit dem negativen Expo wird ein trägeres Verhalten des Fluggeräts auf Steuerbewegungen im Bereich der Mittellage der Steuerknüppel erreicht.

8.1 Negatives Expo einstellen

Der Quadrokopter verfügt über drei Flugmodi, die sich in der Art der Steuerung unterscheiden. Sie sind durch Setzen eines Jumpers auf der mittleren Platine auszuwählen. Dazu ist die Steckbrücke wieder auf Kontakte des Steckbrückenfelds zu setzen, was Sie bereits vom Anlernen der Fernsteuerung an den Quadrokopter kennen. Um in den Expo-Modus zu gelangen, ist der Jumper auf die beiden linken übereinanderstehenden Kontaktstifte zu setzen. Er wird in der Bedienungsanleitung des Quadrokopters auch als *Sport-Modus* bezeichnet.

8.2 Anders als gewohnt

RC-Piloten, die bereits andere Modelle geflogen sind, sind es gewohnt, dass das negative Expo nur über programmierbare Fernsteuerungen selbst konfiguriert werden kann. Dass eine solche Funktion bereits vom

Bild 8.3 – Durch Setzen eines Jumpers auf die beiden linken übereinander angeordneten Kontaktstifte arbeitet der Quadrokopter mit negativem Expo.

Flugmodell selbst bereitgestellt wird, ist hingegen so etwas wie ein Alleinstellungsmerkmal. Obwohl der Quadrokopter über das Setzen des Jumpers keine Möglichkeit bietet, die Intensität des negativen Expos selbst zu bestimmen, hat man auch bei ihm diese Möglichkeit – wenngleich nicht unmittelbar. Zuerst bietet sich auch für den Quadrokopter an, ihn mit einer höherwertigen programmierbaren Computerfernsteuerung zu fliegen. Eine solche hat man vielleicht ohnehin schon zu Hause, weil man auch andere RC-Modelle besitzt. Beim

Konfigurieren des negativen Expos ist jedoch Vorsicht geboten. Je höher das negative Expo gewählt wird, desto aggressiver reagiert der Quadrokopter bei Knüppelbewegungen im Bereich des Endausschlags.

8.3　User-Modus

Der Quadrokopter kann über eine optional erhältliche Software am PC program-

Bild 8.4 – Wird der Jumper auf die zweite Reihe von links gesteckt, fliegt der Quadrokopter im User-Modus. Er setzt voraus, dass er zuerst am PC mit einer optional erhältlichen Konfigurationssoftware programmiert wurde.

miert werden. Damit lässt sich nicht nur die Fernsteuerung anlernen, sondern auch das Expo einstellen. Um den Quadrokopter im User-Modus zu fliegen, ist der Jumper auf die zweite Steckkontaktreihe von links zu stecken. Er funktioniert jedoch nur, wenn mit der Konfigurationssoftware ein eigenes Setting generiert und auf den Quadrokopter überspielt wurde.

8.4   Beginner-Modus

Der Beginner-Modus ist die für den Anfänger einfachste Betriebsart. In ihr fliegt der Quadrokopter, wenn kein Jumper gesetzt ist. Schließlich ist das lineare Verhalten vielleicht gerade das, was der RC-Neuling erwartet. Immerhin lässt es am besten den Vergleich mit dem Autofahren zu. Auch das Geben von Gas und das Lenken mit dem Lenkrad basieren auf linearen Zusammenhängen.

Bild 8.5 – Soll der Quadrokopter im Beginner-Modus geflogen werden, ist kein Jumper zu setzen.

9 Quadrokopter trimmen

Links und unterhalb des rechten sowie rechts und unterhalb des linken Steuerknüppels ist je ein Schieberegler in der Fernsteuerung eingebaut. Sie werden zum Austrimmen des Modells benötigt. Befinden sich beide Steuerknüppel in der Neutrallage, sollte der Quadrokopter keine Bewegung ausführen wollen, wenn man den Gashebel nach oben zieht.

In der Praxis darf man sich aber nicht darauf verlassen, dass der Quadrokopter seine Position beibehält, wenn man nur etwas Gas gibt und die anderen Steuerfunktionen auf Neutrallage belässt. Dabei muss er noch nicht ein-

Bild 9.1 – Nur ein gut getrimmter Quadrokopter lässt sich wirklich gut fliegen.

mal abheben. Besonders bei der erstmaligen Inbetriebnahme kann sich der Quadrokopter dabei auf eine Seite neigen oder versuchen, sich im Stand zu drehen. Höchstwahrscheinlich neigt er dazu, diese Bewegungen gleichzeitig ausführen zu wollen.

Die Ursache liegt an der falschen Einstellung der Trimmregler. Besonders RC-Neulinge sind sich über die Bedeutung dieser Schieberegler oft kaum bewusst und ignorieren ihre Stellung zunächst einmal. Aber es ist nicht weiter erstaunlich, dass die Regler das Flugverhalten entscheidend negativ beeinflussen, wenn sie z. B. am rechten oder oberen Endausschlag anstehen.

Mit den Schiebereglern werden die Grundeinstellungen für das Vor- oder Zurückfliegen, das Abdriften zur Seite, das Kurvenfliegen und Standgas bestimmt. Durch Austrimmen werden die Kräfte ausgeglichen, die die Lage des Fluggeräts in der Neutralstellung der Fernsteuerung verändern würden. Damit erreicht man, dass der Quadrokopter nicht bereits aus der Nullstellung der Steuerknüppel z. B. eine Kurve oder rückwärts zu fliegen beginnt oder seitlich umkippt, sobald man so viel Gas gibt, dass er abhebt.

9.1 Ausgangsbasis: Neutralstellung

Vor dem Erstflug sollen die Trimmregler für Roll, Nick und Gier in der neutralen Mittellage ausgerichtet sein. Sie entspricht der Ruhelage der Knüppel. Im Fernsteuer-Mode 2 sind dies die beiden unteren und der dem rechten Steuerknüppel zugeordnete Schieberegler. Lediglich der der Gasfunktion (Pitch)

Bild 9.2 – Zuerst sind die Schieberegler für Gier, Nick und Roll in die mittlere Neutrallage zu bringen. Nur der für Pitch zuständige Regler gehört in die untere Endstellung.

zugeordnete linke seitliche ist zur unteren End-stellung zu bringen. Damit wird das Standgas der Motoren auf absolutes Minimum einge-stellt. Zumindest dieser Regler kann in dieser Position verbleiben. Würde man ihn zum oberen Endausschlag hin einstellen, würde der Quadrokopter bereits mit dem Einschalten so viel „Standgas" haben, dass er ohne unser Zutun versuchen würde, abzuheben. Ein der-art hohes Standgas würde auch Landeversuche scheitern lassen.

9.2   Erste Inbetriebnahme

Sofern man noch ungeübt im Quadrokop-terflug ist, genügt es, so viel Gas zu geben, dass der Quadrokopter kurz vor dem Abhe-ben ist. Dabei „schwimmt" er sozusagen am Boden. Bei unzureichender Trimmung führt er spätestens jetzt Driftbewegungen in eine Richtung aus. Am besten lassen sich diese beurteilen, wenn man die Versuche auf glattem Boden, z. B. der asphaltierten Hauseinfahrt, vornimmt. Um die vom Modell ausgeführten Bewegungen korrekt zu deuten, sollte man es so vor sich aufstellen, dass man auf sein Heck sieht. Die die Flugrichtung kennzeichnende rote Fahne am vorderen Ausleger zeigt dem-nach von einem weg.

9.3   An die Idealeinstellung herantasten

Die Neutrallage der Schieberegler wird nur selten für ein ausgewogenes Flug-verhalten genügen. Versucht das Modell bei-spielsweise eine Roll-Bewegung nach rechts auszuführen, ist der rechte untere Schiebe-regler (der Roll-Funktion zugeordnete) etwas nach links zu schieben. Anschließend ist ein neuer Test vorzunehmen, um das Verhalten des Quadrokopters zu beurteilen. Haben sich seine Flugeigenschaften verbessert oder hat man den Hebel zu weit ausgelenkt? Ist noch eine Feinjustierung erforderlich?
Auf diese Weise wird man sich in mehreren Versuchen dem Ideal nähern. Die gleiche Vor-gehensweise ist auch für Nick und Gier anzu-wenden. Hat man einmal gute Werte ermittelt, bei denen das Modell weitgehend ruhig stehen bleibt, kann man erwarten, dass es sich auch bei den ersten Flügen nicht wie ein wilder Hengst aufführt.
Besonders mit einfacheren Fernsteuerungen ist es fast ein Ding der Unmöglichkeit, die Bewegungen vollständig auszublenden. Hier werden geringfügige Tendenzen nach vorn und zu einer Seite erhalten bleiben. Bewegen sie sich auf sehr geringem Niveau, lassen sie sich aber leicht durch geringfügige Knüppel-ausschläge ausgleichen und überfordern auch den Anfänger nicht.

Bild 9.3 – An die Idealeinstellungen muss man sich schrittweise herantasten.

10 Quadrokopter programmieren

Mit einem optional erhältlichen Konfigurations-Kit kann der Quadrokopter individuell programmiert werden. Das Set besteht aus einem USB-Kabel, mit dem die Verbindung zwischen RC-Modell und Computer herzustellen ist, sowie einer zu installierenden Software. An den Rechner werden nur geringe Anforderungen gestellt. Das Programm setzt lediglich Windows XP, Windows Vista oder Windows 7 als Betriebssystem voraus.

Bild 10.1 – Über die Programmierfunktion ergeben sich weitere Einstellmöglichkeiten, die man nur über die Fernsteuerung nicht hat.

Mit dem Konfigurations-Kit lässt sich mit wenigen Mausklicks das Flugverhalten des Quadrokopters individuell an die eigenen Steuergewohnheiten anpassen. Außerdem erlaubt es das Überspielen neuerer Software-Versionen auf das außergewöhnliche Fluggerät, womit es stets auf dem neuesten technischen Stand und auch für den Einsatz künftiger Zusatzplatinen bestens gerüstet ist. Zu den Einstellmöglichkeiten der Software zählt auch die Exponential-/Linearfunktion

Bild 10.2 – Dem Konfigurations-Kit liegt ein USB-Kabel bei. An einer Seite hat es einen vierpoligen abgewinkelten Stecker.

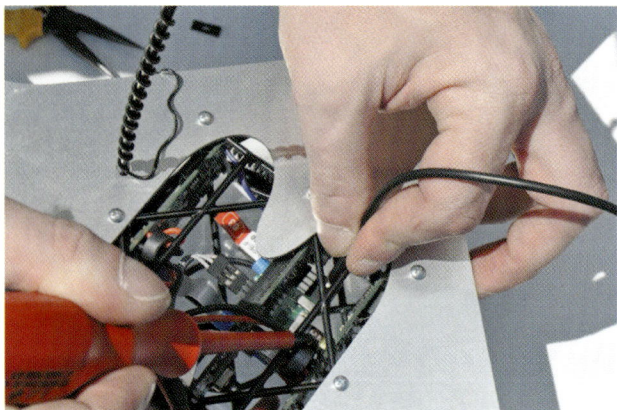

Bild 10.3 – Der Stecker ist an der mittleren Platine des Quadrokopters anzudocken.

für alle Achsen, das Anpassen des Flugverhaltens von träge bis aggressiv, eine Kippwinkelbegrenzung, die ein Umkippen des Quadrokopters verhindert, sowie u. a. das Einstellen der Drehzahl für eine Notlandefunktion.

10.1 Verbindung mit Computer herstellen

Das Verbindungskabel zwischen Quadrokopter und PC besitzt an einer Seite einen abgewinkelten vierpoligen Stecker, der am Flugmodell anzudocken ist. Dazu sind vier Kontaktstifte auf der mittleren Platine vorgesehen. Sie befinden sich am unteren Ende auf der gegenüberliegenden Seite, wo der Empfängerquarz angesteckt ist. Dabei gilt es, darauf zu achten, den Stecker des Verbindungskabels richtig am Quadrokopter anzustecken, sonst ist keine Kommunikation möglich. Das andere Ende des Kabels ist mit einem üblichen USB-Stecker ausgestattet, der am PC anzudocken ist. Die Stromversorgung des Quadrokopters erfolgt nun über das USB-Kabel, weshalb kein zusätzlicher Akku während der Konfiguration erforderlich ist. Damit der Quadrokopter programmiert werden kann, ist an seiner mittleren Platine ein Jumper für die Betriebsart *User-Modus* zu setzen.

10.2 Quadrokopter-Konfigurationstool installieren

Nach dem Einlegen der Software-CD ist zuerst das Konfigurationsprogramm zu starten. Dazu ist *Setup* auszuführen. Danach wird man

Bild 10.4 – Damit der Quadrokopter programmiert werden kann, ist ein Jumper für die Betriebsart *User-Modus* zu setzen.

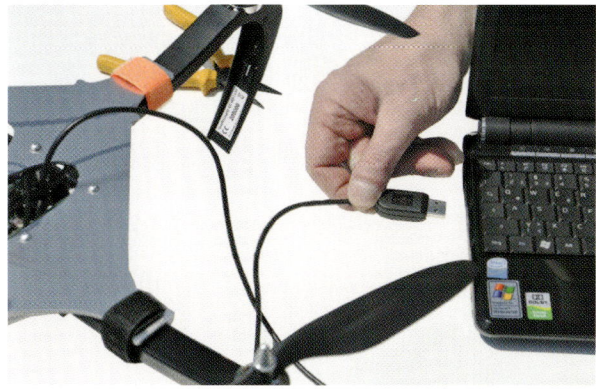

Bild 10.5 – Das USB-Kabel ist am Rechner anzudocken.

Bild 10.6 – Fertiger Konfigurationsaufbau; am RC-Modell muss dazu kein Akku angeschlossen sein.

gefragt, ob das Programm mit englischer oder deutscher Menüoberfläche installiert werden soll. Außerdem lässt sich der Installationsort festlegen, sofern man nicht den vorgeschlagenen Pfad wünscht. Anschließend startet der übliche Setup-Assistent, bei dem während der Installation einige Male lediglich auf *Weiter* zu drücken ist. Nachdem die Installation abgeschlossen ist, startet das Programm mit seiner Hauptmenüseite.

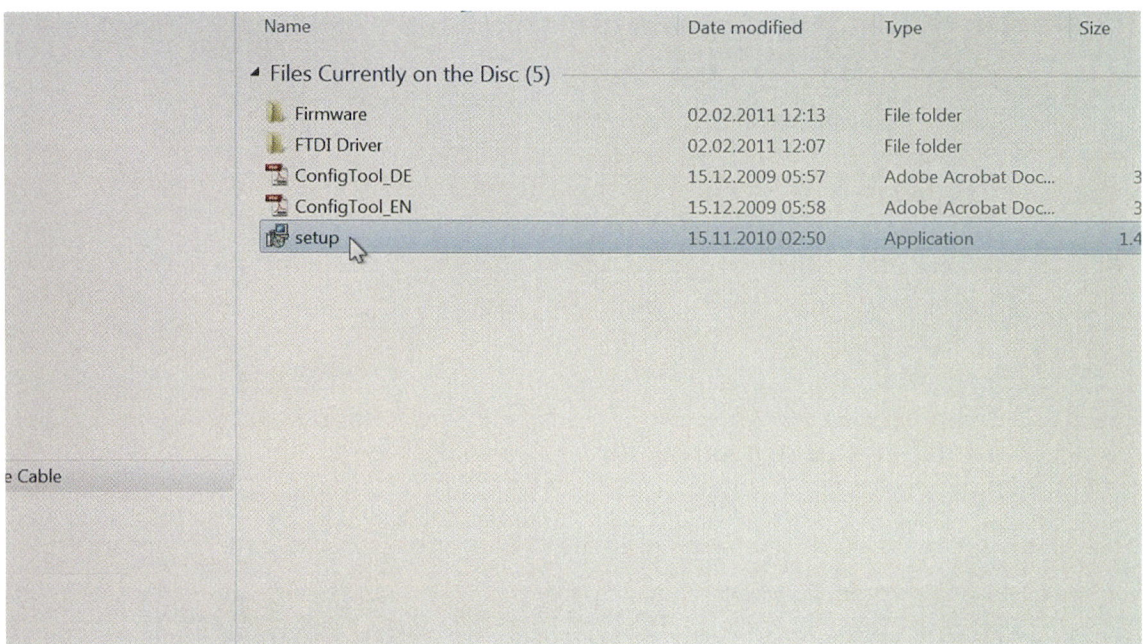

Bild 10.7 – Nach Einlegen der Software-CD ist zuerst das Konfigurationsprogramm zu starten und *Setup* auszuführen.

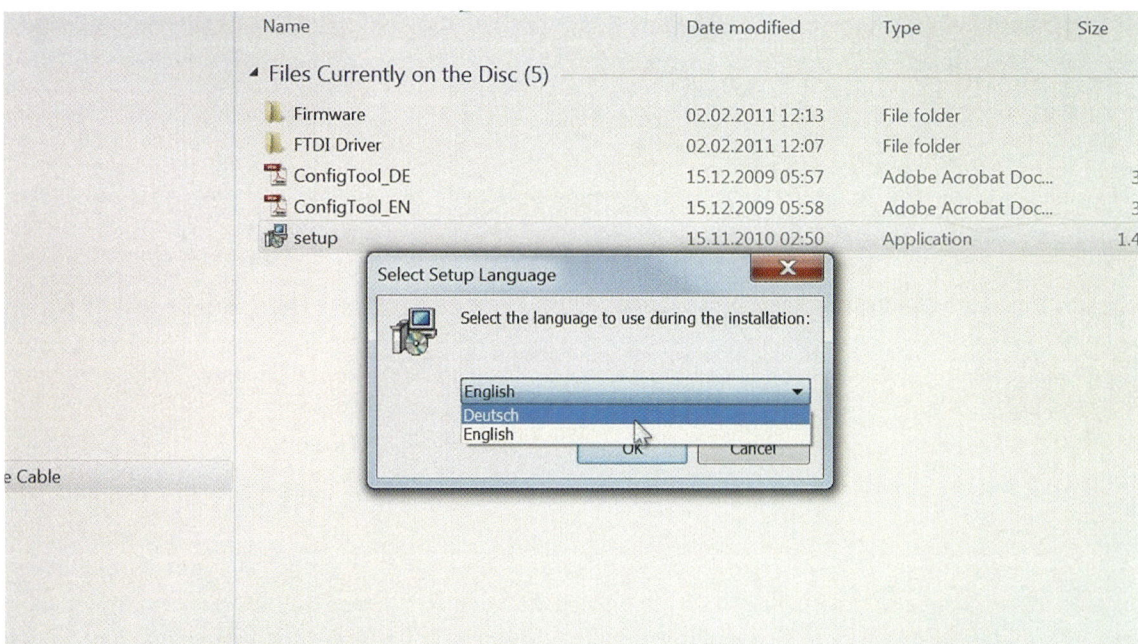

Bild 10.8 – Zu Beginn der Installationsroutine wird man gefragt, ob die Software mit englischer oder deutscher Menüoberfläche installiert werden soll.

Bild 10.9 – Danach startet der übliche Setup-Assistent.

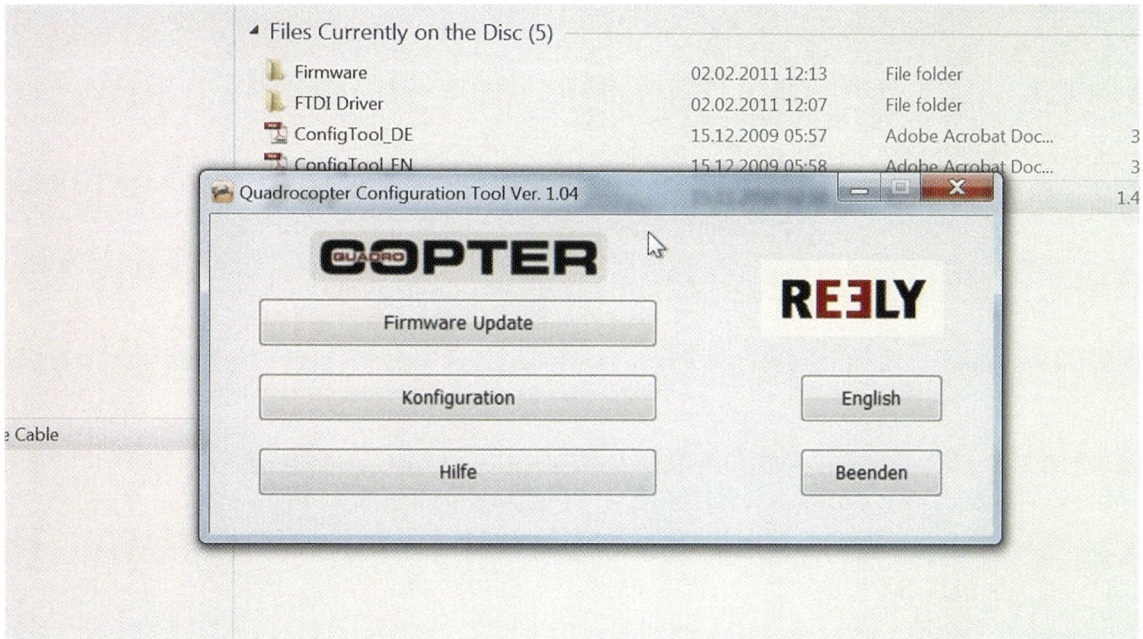

Bild 10.10 – Nach abgeschlossener Installation startet die Hauptmenüoberfläche der Konfigurationssoftware.

10.3   Konfiguration

Zunächst ist das Menü *Konfiguration* zu starten. Normalerweise erkennt das Programm automatisch, an welchem Com-Port der Quadrokopter angeschlossen ist. Ansonsten kann er auch manuell eingestellt werden. Diese Einstellung ist erforderlich, damit der Rechner Kontakt mit dem Quadrokopter aufnehmen kann.

Durch Betätigen der Schaltflächen *Beginner* und *Sport* kann man die Grundeinstellungen dieser beiden Modi laden. Sie werden als relative Zahlenwerte den einzelnen Funktionen zugeordnet eingeblendet. Dazu hält die Menüoberfläche die Bereiche *Fernsteuerung*, *Gasregelung* und *Fluglage* bereit.

Ausgehend von den Grundeinstellungen dieser beiden Betriebsarten hat man die Möglichkeit, Parameter zu ändern. Als Beispiel soll hier *Notgas* unter dem Punkt *Gasregelung* dienen. Man versteht darunter einen Pitch-Wert, der die Motoren noch über eine gewisse Zeit nachlaufen lässt, sollte die Verbindung zur Fernsteuerung abbrechen. Idealerweise ist das Notgas so ausgewählt, dass der Quadrokopter bei Steuersignalverlust langsam landet. Wird er mit einem leistungsstärkeren und schwereren Akku oder Zusatzladung betrieben, benötigt das Modell mehr Drehzahl für vergleichbares Flugverhalten. Deshalb ist hier der Wert für Notgas anzuheben, da das RC-Modell sonst mit der Zusatzlast zu schnell sinken und sanft abstürzen würde. Im Gegenzug darf aber

Bild 10.11 – Zuerst ist das Menü *Konfiguration* zu starten.

auch kein zu starkes Notgas eingestellt werden, da sonst der Quadrokopter in den Steigflug übergehen würde. Nach der automatischen Abschaltung der Motoren wäre somit ein fataler Absturz die unausweichliche Folge.

Ist die Konfiguration abgeschlossen, kann das neue File durch Drücken der Schaltfläche *Konfiguration speichern* am Rechner archiviert werden. Zunächst kann dem neuen File ein Name gegeben werden, der das Wiederfinden erleichtert. Außerdem ist der Speicherort zu bestimmen.

Durch Betätigen der Schaltfläche *Daten übertragen* werden die neuen Parameter auf den Quadrokopter überspielt. Bereits nach wenigen Sekunden macht eine Einblendung auf die erfolgreich abgeschlossene Übertragung aufmerksam.

Mit *Daten auslesen* kann der gerade im Quadrokopter gespeicherte Datensatz auf den Rechner gespielt werden. Dies ist hilfreich, wenn man z. B. einzelne Parameter noch geringfügig anpassen möchte, um die Flugeigenschaften weiter zu verbessern.

Das Quadrokopter-Konfigurationstool besitzt auch eine Hilfefunktion, die eine ausführliche Beschreibung zu allen durchführbaren Konfigurationsschritten bereithält.

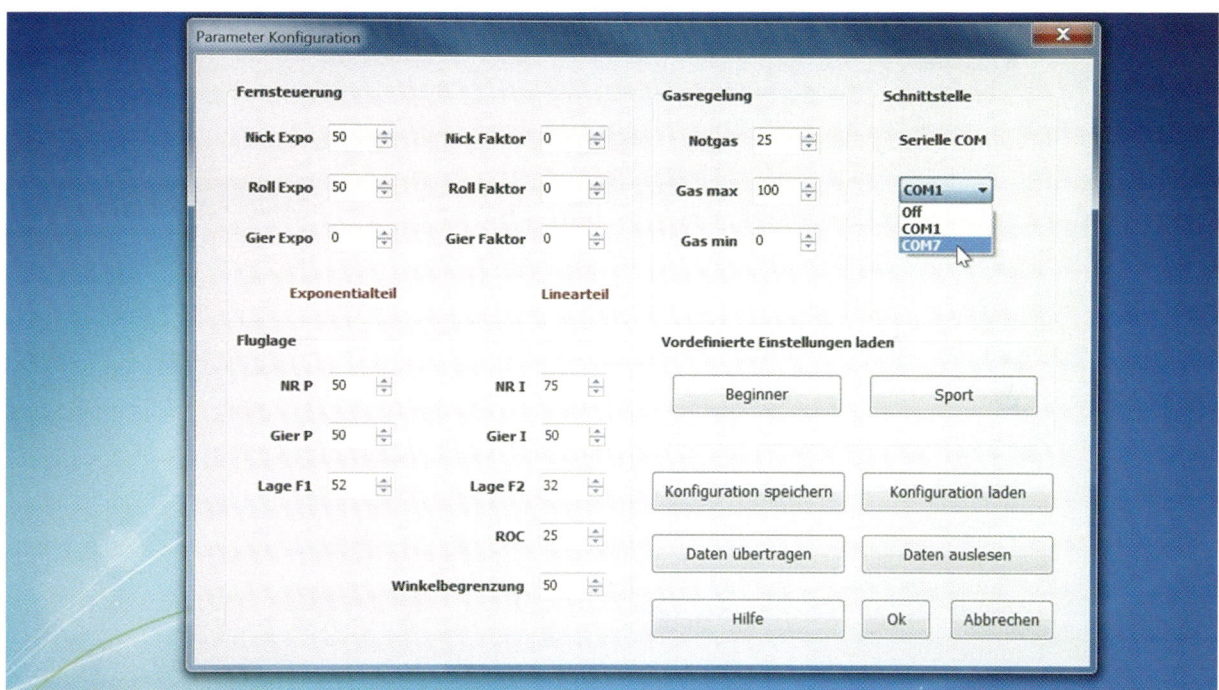

Bild 10.12 – Damit sich Rechner und Quadrokopter verstehen, ist der verwendete Com-Port einzustellen – allerdings nur, wenn die automatische Erkennung nicht funktioniert hat.

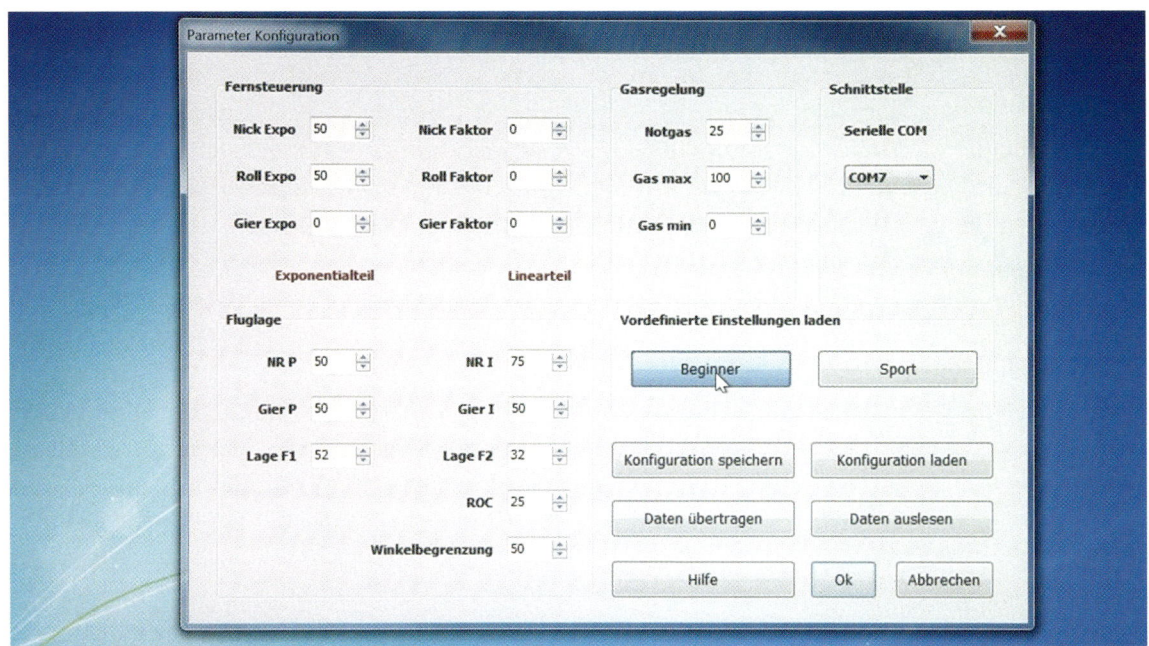

Bild 10.13 – Durch Drücken auf *Beginner* oder *Sport* werden vordefinierte Grundeinstellungen geladen. Sie dienen als Ausgangsbasis für eigene Konfigurationen.

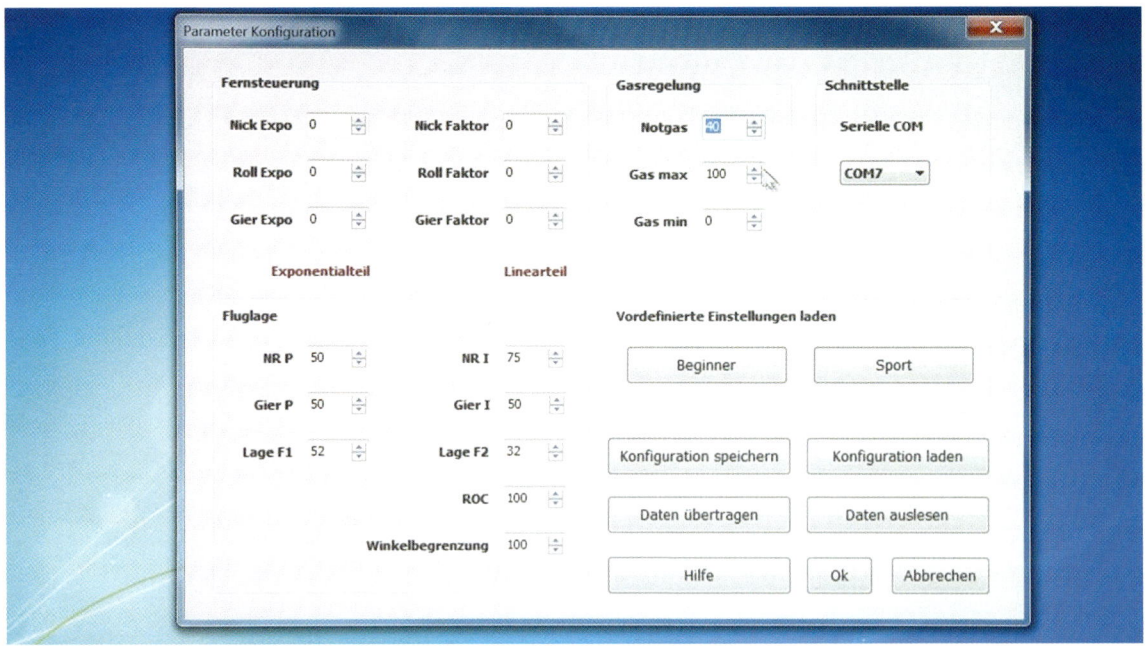

Bild 10.14 – Bei dieser Konfiguration wird gerade das Notgas von ursprünglich „25" auf „40" angehoben. Das ist z. B. beim Transport schwerer Lasten anzuraten.

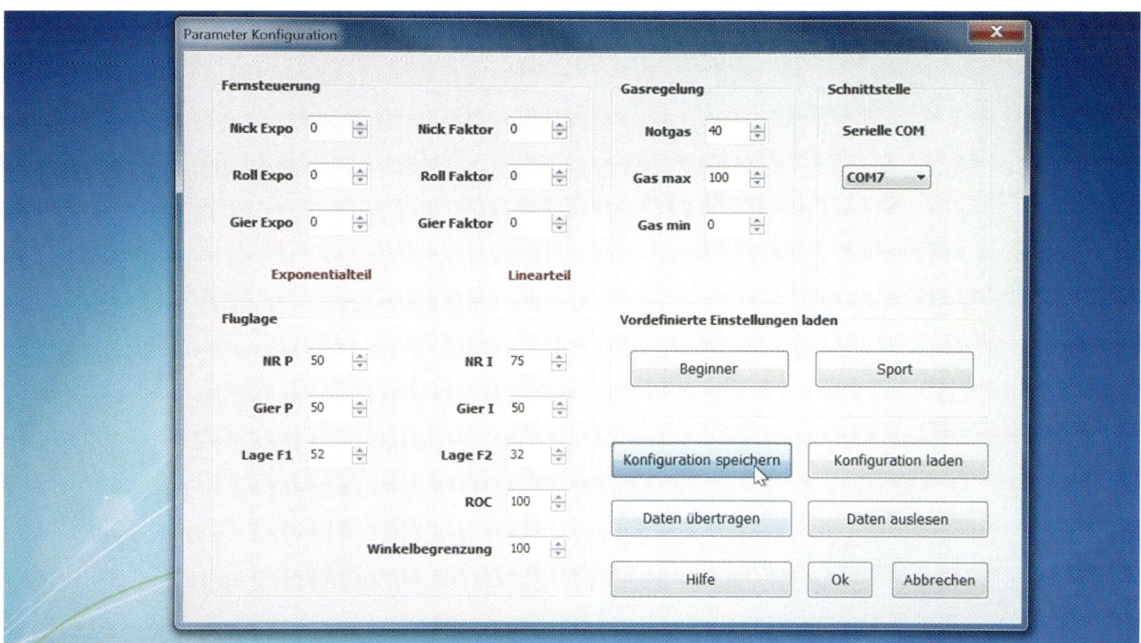

Bild 10.15 – Ist eine Konfiguration abgeschlossen, wird sie mit *Konfiguration speichern* gespeichert.

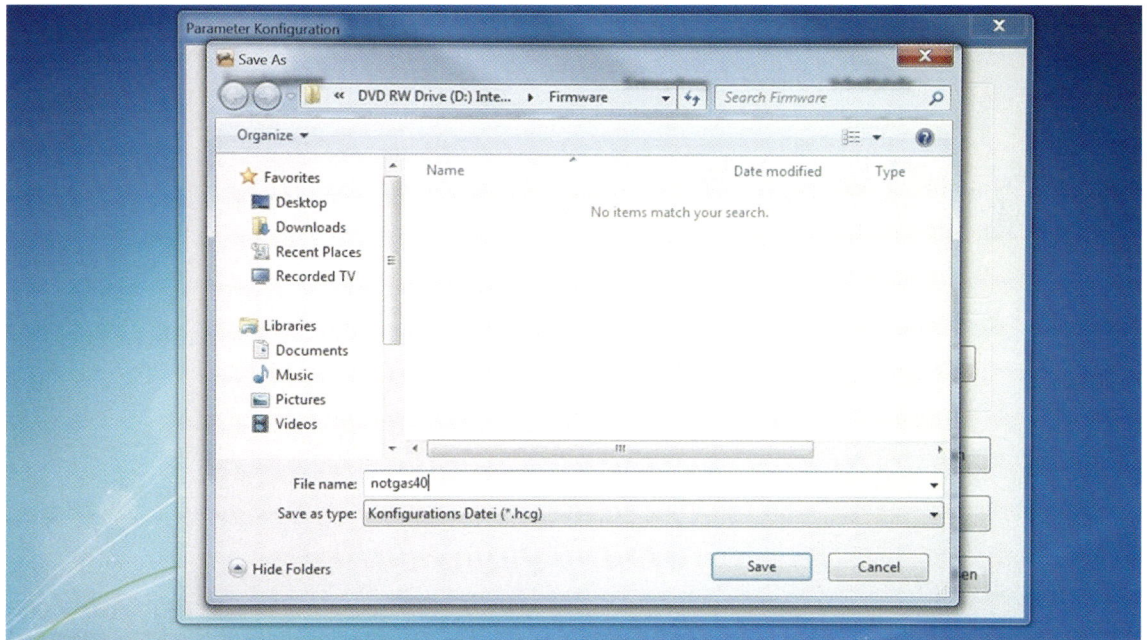

Bild 10.16 – Als Erstes ist dem Datensatz ein Name zu geben. Danach ist der Speicherort auszuwählen.

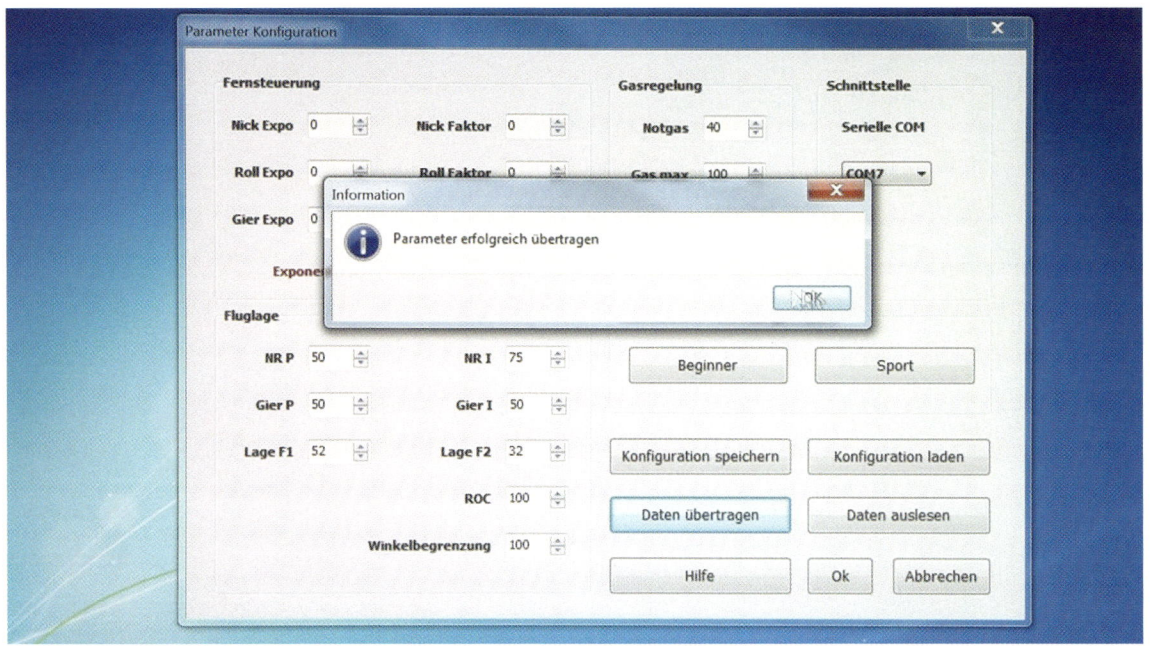

Bild 10.17 – Mit *Daten übertragen* wird das selbst generierte File auf den Quadrokopter überspielt.

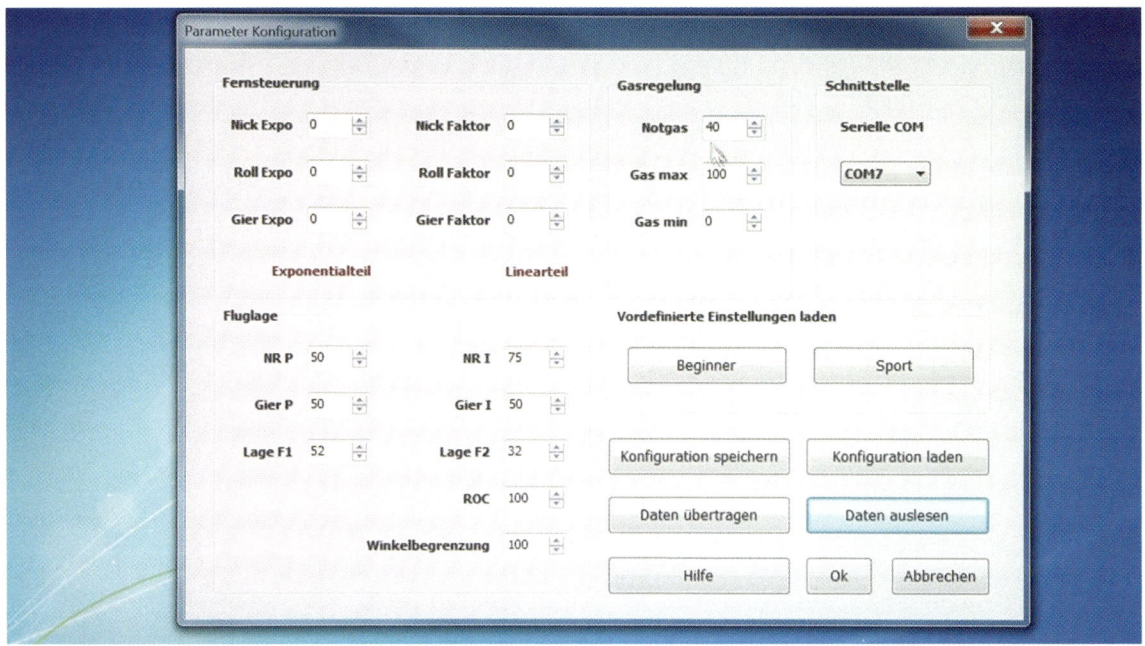

Bild 10.18 – Über die Schaltfläche *Daten auslesen* kann der gerade im Quadrokopter aktive Datensatz auf den PC übertragen werden.

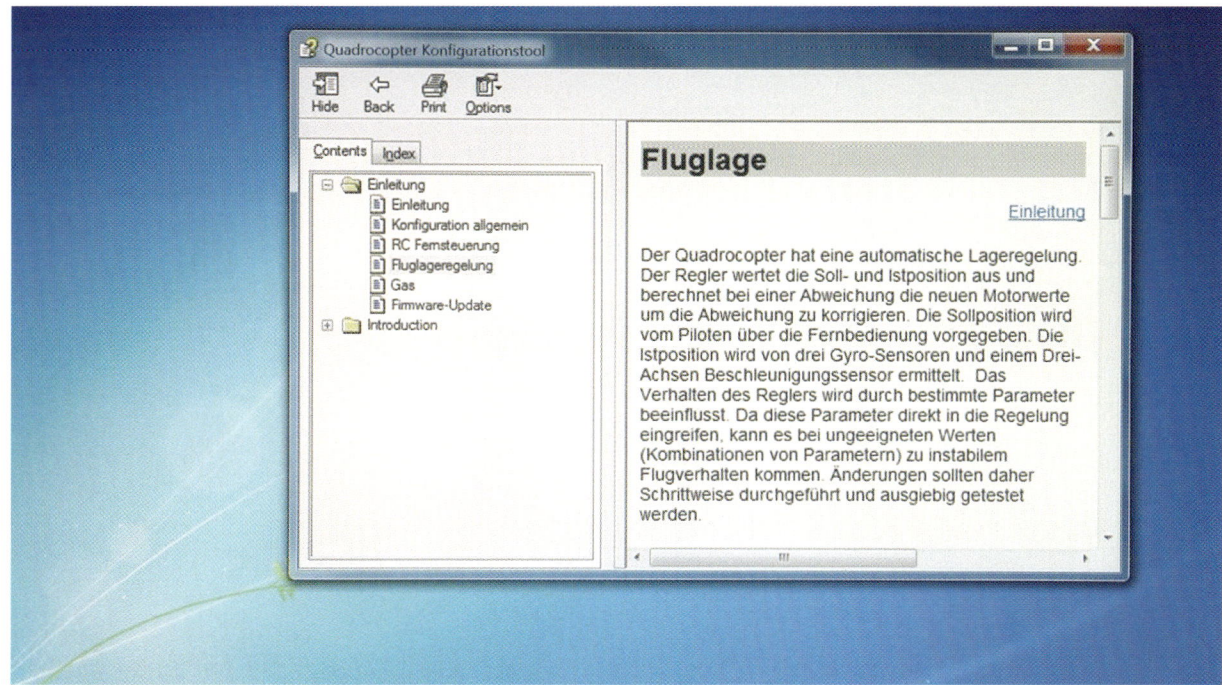

Bild 10.19 – Die Hilfefunktion des Quadrokopter-Konfigurationstools hält eine ausführliche Beschreibung zu allen durchführbaren Konfigurationsschritten bereit.

10.4 Firmware-Update

Über die Funktion *Firmware Update* kann auf den Quadrokopter eine neue Software-Version aufgespielt werden. Aktuellere Software-Versionen können über das Internet bezogen werden und sind auf dem PC zwischenzuspeichern. Nachdem das auf das RC-Modell zu übertragende Software-File ausgewählt wurde, ist mit *OK* zu bestätigen. Ein Fortschrittsbalken informiert anschließend über den Verlauf des Uploads. Währenddessen darf die Verbindung zum Quadrokopter keinesfalls getrennt werden! Das würde zu unvorhersehbaren Einstellungen und letztlich zu einem zerstörten Fluggerät führen. Das Update setzt sich aus fünf separaten Punkten zusammen, die der Reihe nach automatisch abgearbeitet werden. Nachdem der Haupttreiber übertragen wurde, werden noch vier Motortreiber überspielt. Abschließend weist eine Meldung auf die erfolgreiche Übertragung hin.

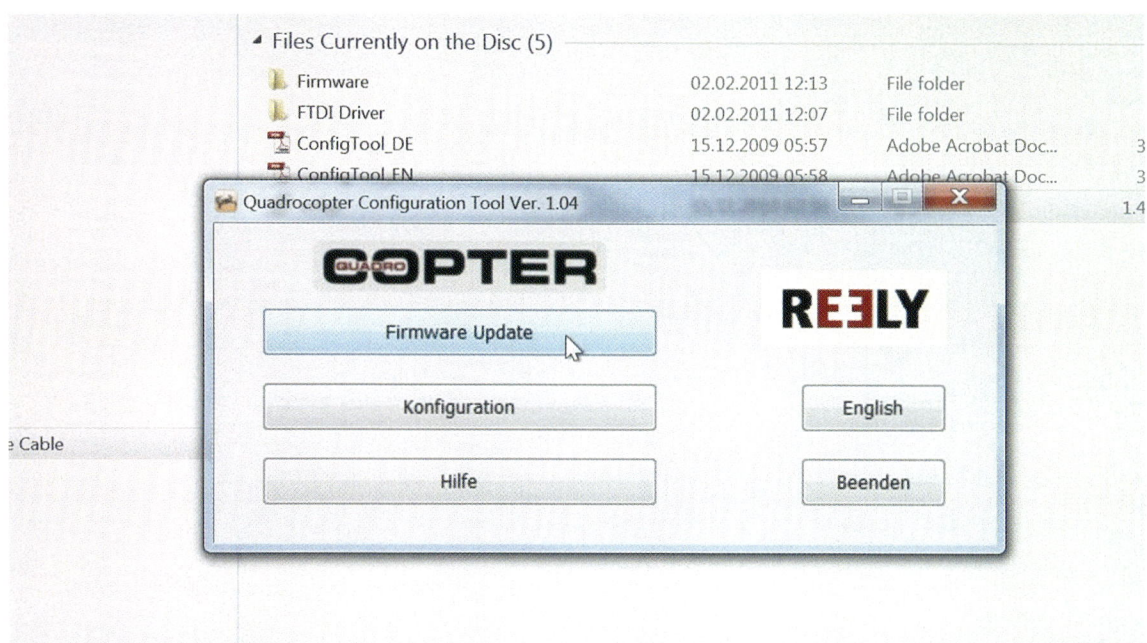

Bild 10.20 – Über die Funktion *Firmware Update* kann der Quadrokopter mit einer neueren Betriebssoftware ausgestattet werden.

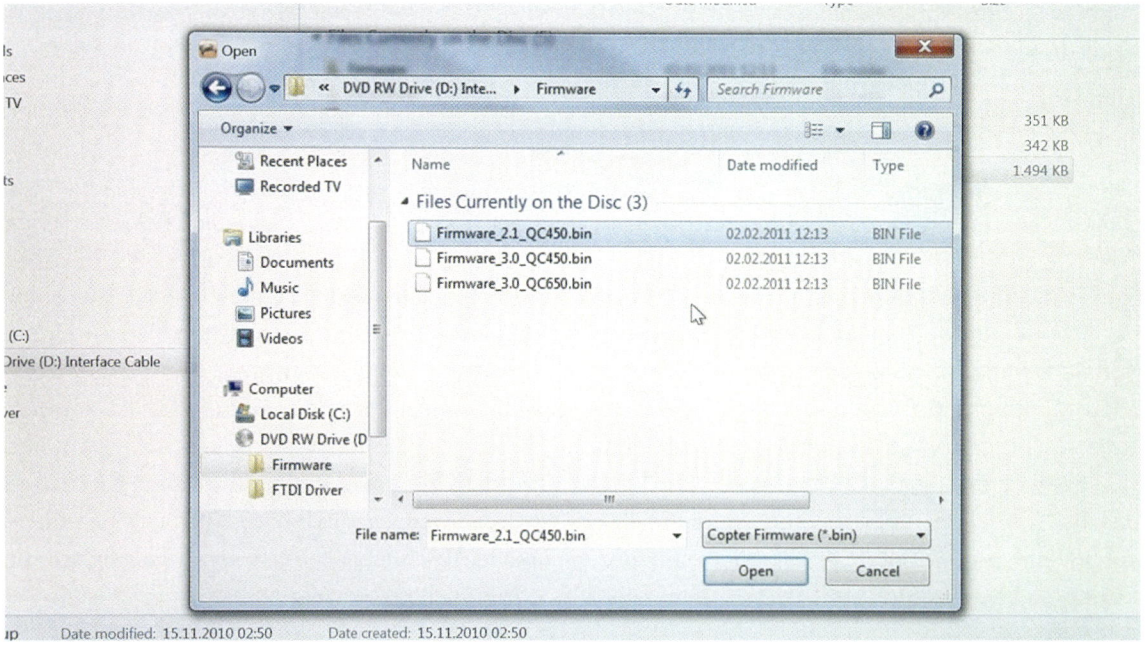

Bild 10.21 – Aktuellere Software-Versionen können über das Internet bezogen werden und sind auf dem PC zwischenzuspeichern. Nachdem das auf das RC-Modell zu übertragende Software-File ausgewählt wurde, ist mit *OK* zu bestätigen.

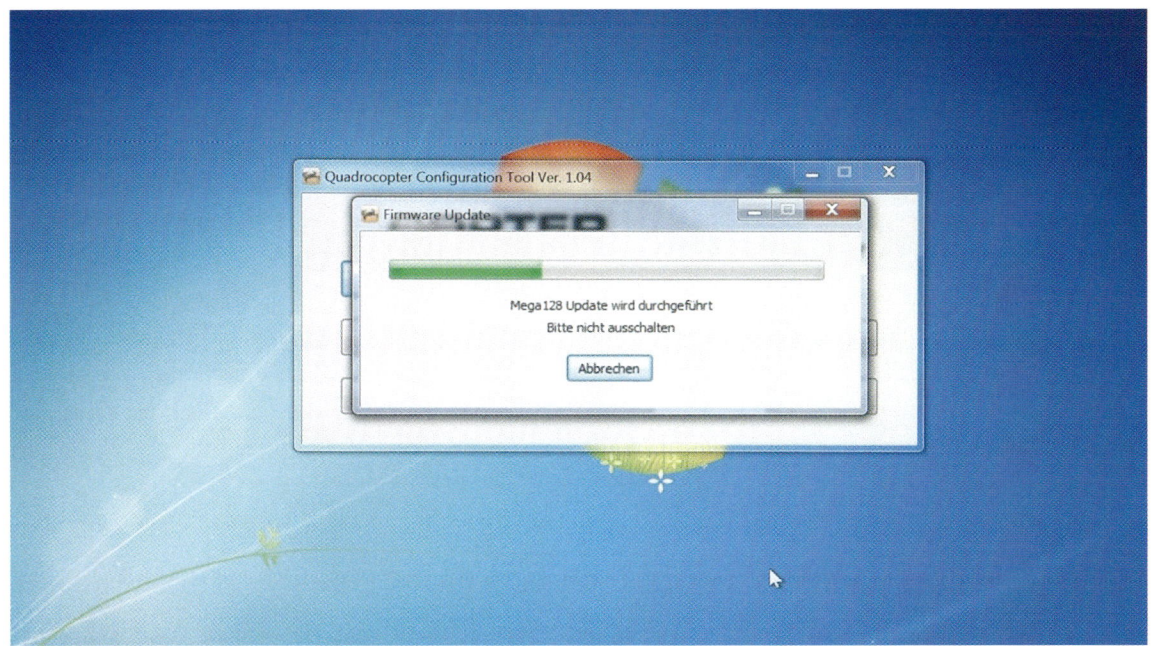

Bild 10.22 – Ein Fortschrittsbalken informiert über den Verlauf des Uploads.

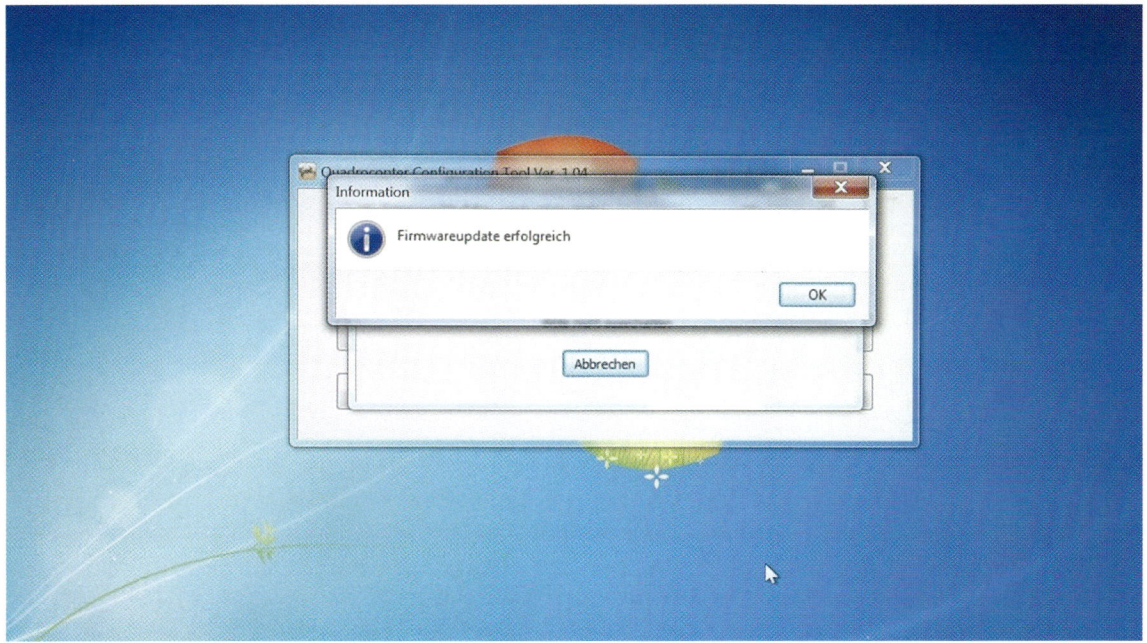

Bild 10.23 – Abschließend weist eine Meldung auf die erfolgreiche Übertragung hin.

10.5 KopterConfig Experimental

*K*opterConfig Experimental ist eine zweite Software, die in Verbindung mit dem Quadrokopter 450 und 650 Anwendung finden kann. Sie ist wesentlich umfangreicher und komplexer als das bereits vorgestellte Programm *Quadrokopter-Konfigurationstool.* Es empfiehlt sich, sich erst mit KopterConfig Experimental zu beschäftigen, nachdem man bereits erste Erfahrungen mit der einfacheren Software gesammelt hat und man damit gut umzugehen vermag.

Um KopterConfig Experimental verwenden zu können, muss im Quadrokopter zumindest die Software-Version 3.0 geladen sein. Diese Firmware ist eine Zusammenführung der ehemaligen Software *GKOPTER* für professionelle Anwendungen des Quadrokopters und der originalen PC-Software. KopterConfig Experimental erlaubt die Echtzeitanalyse der Sensorwerte. Sie ist außerdem in der Lage, die Werte der beiden seriellen Schnittstellen zu kontrollieren, über die eine Beeinflussung der Steuerung durch Erweiterungsmodule möglich ist.

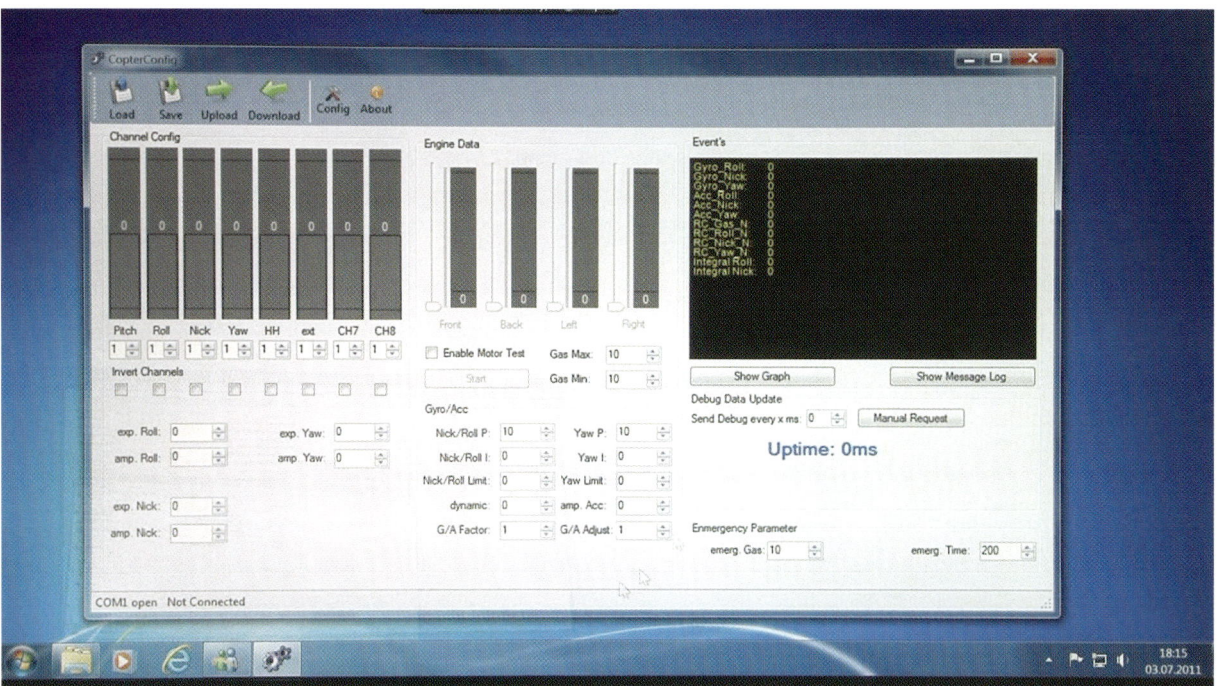

Bild 10.24 – KopterConfig Experimental ist eine zweite Software für den Quadrokopter. Sie ist wesentlich komplexer und sollte deshalb erst Anwendung finden, wenn man im *Quadrokopter-Konfigurationstool* bereits sattelfest ist.

10.6   Erste Schritte

Nach dem Start der Software ist aus der oberen Menüfläche *Config* zu drücken. Dahinter verbirgt sich das Auswahlmenü für den Com-Port. Hier ist jener einzustellen, über den der Quadrokopter mit dem Computer verbunden ist. Über die Download-Schaltfläche werden die aktuellen Daten aus dem Quadrokopter in die Software übertragen. Die nun eingeblendeten Daten sind absolute Parameter von 0 bis 256.

In einem rechts oben angeordneten Fenster hat man die Möglichkeit, aktuelle Messwerte nachzulesen. Sie können einmalig durch Betätigen der Schaltfläche *Manual Request* abgefragt werden. Alternativ kann man auch eine dynamische Messwertauswertung abfragen. Dazu ist das Abtastraster in Millisekunden einzugeben. Wird beispielsweise unter *Sende Debug every x ms:* der Wert „50" eingestellt, erfolgt alle 50 Millisekunden eine Aktualisierung der Messwerte.

Sofern die dynamische Aktualisierung aktiviert wurde, kann durch Drücken der Schaltfläche *Show Graph* auch eine grafische Auswertung eingeblendet werden. In ihr werden alle Bewegungen des Quadrokopters in Kurvenform

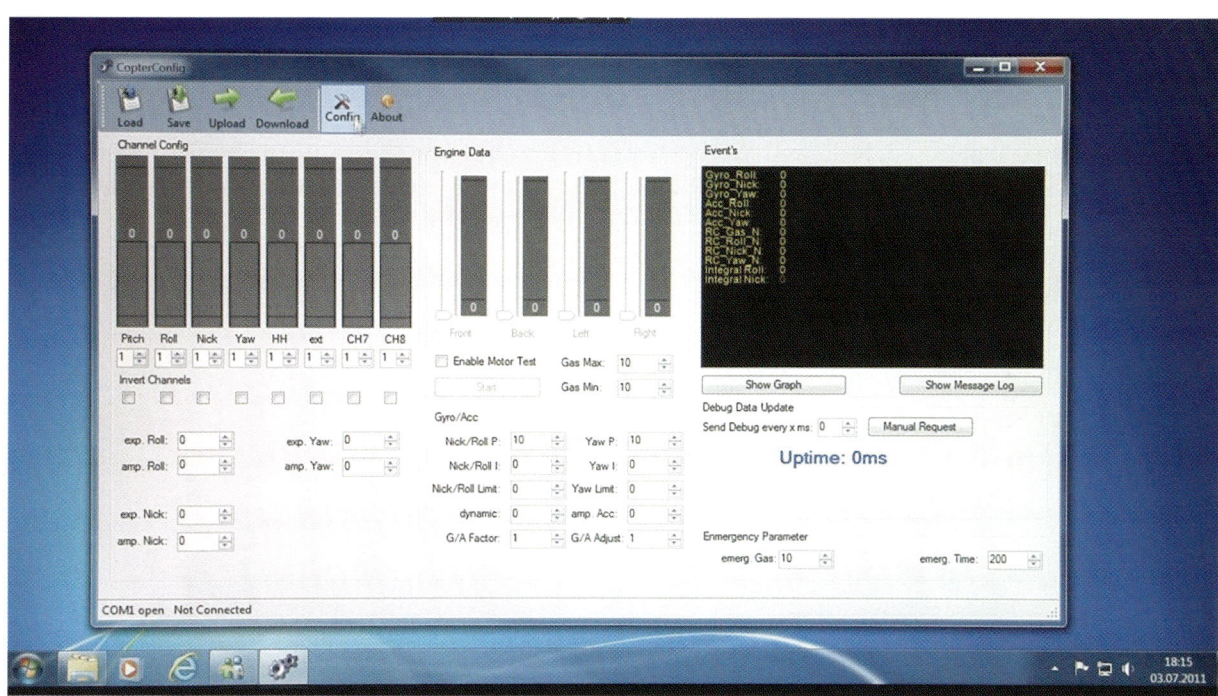

Bild 10.25 – Zuerst ist in der oberen Menüfläche der Button *Config* zu betätigen.

angezeigt. Über die Schaltfläche *Show Sensor Values* werden im rechten Fenster aktuelle Betriebszustände in Textform eingeblendet. Damit hat man ein wertvolles Diagnose-Tool, das z. B. dabei hilft, einen Fehler an einem Motor zu lokalisieren.

Ein weiteres gutes Diagnosewerkzeug ist *Enable Motor Test*, das durch Setzen eines Häkchens aktiviert wird. Mit dieser Funktion kann jeder der vier Motoren des Quadrokopters einzeln angesprochen und über die Programmoberfläche gesteuert werden. Daneben können auch alle vier Motoren gemeinsam gestartet werden, z. B. um die Drehrichtung zu kontrollieren.

Im linken oberen Feld zeigen acht Balkendiagramme die vom Quadrokopter empfangenen RC-Signale an. Die Intensität der Balkenausschläge zeigt dabei die aktuelle Knüppelstellung von Pitch, Gier, Roll und Nick an. In diesem Bereich kann auch eine Neuzuordnung der Kanäle erfolgen. Sie erlaubt unter anderem

einen bequemen Wechsel des Fernsteuerungs-Mode. So kann man über die Software den Quadrokopter so programmieren, dass er nicht mehr entsprechend der Knüppelbelegung des Mode 2, sondern der des Mode 1 gesteuert wird. Außerdem können Signale invertiert werden. Eine Invertierung hat beispielsweise eine gegensinnige Auslenkung eines Steuerknüppels zur Folge.

Eine weitere spannende Funktion ist, über *KopterConfig* Statusmeldungen und Betriebszustände der einzelnen Motoren in Abhängigkeit der Knüppelauslenkungen live auszuwerten. Diese Daten könnten sogar per Funk übertragen und so auch während des Flugs ausgewertet werden.

Über die Schaltfläche *Save* können eigene Konfigurationen am PC zwischengespeichert werden. Durch Betätigen von *Upload* wird eine eigene Konfiguration auf den Quadrokopter übertragen.

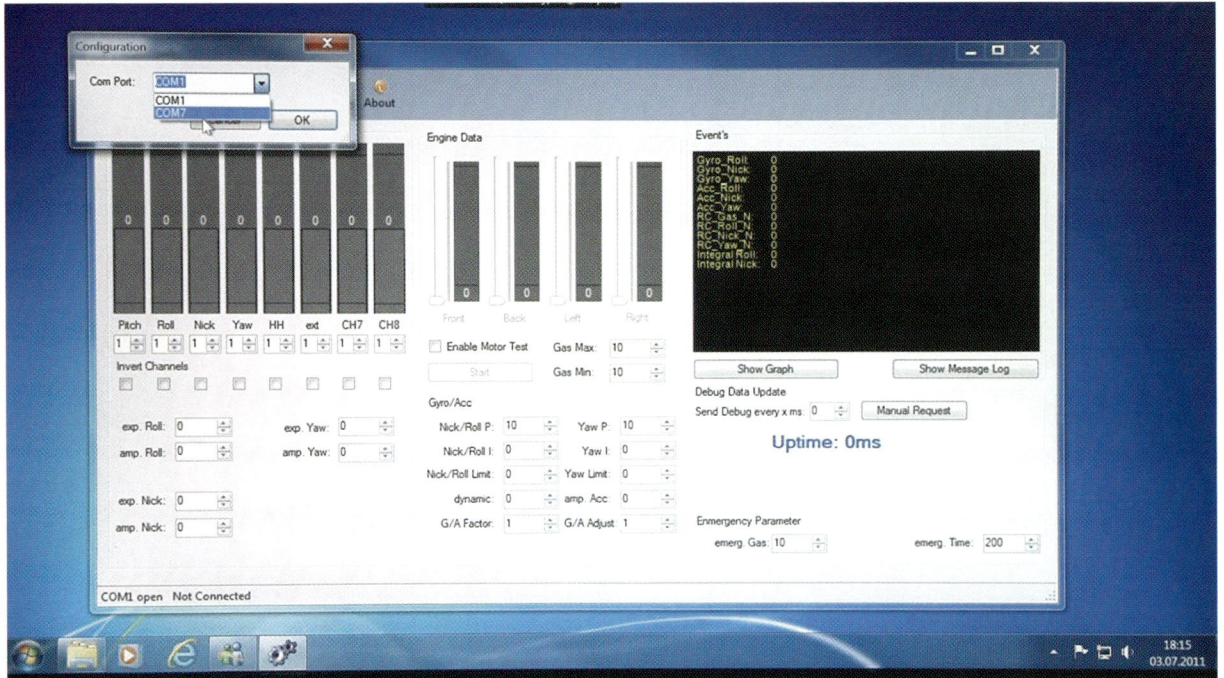

Bild 10.26 – Daraufhin ist der für den Quadrokopter verwendete Com-Port einzustellen.

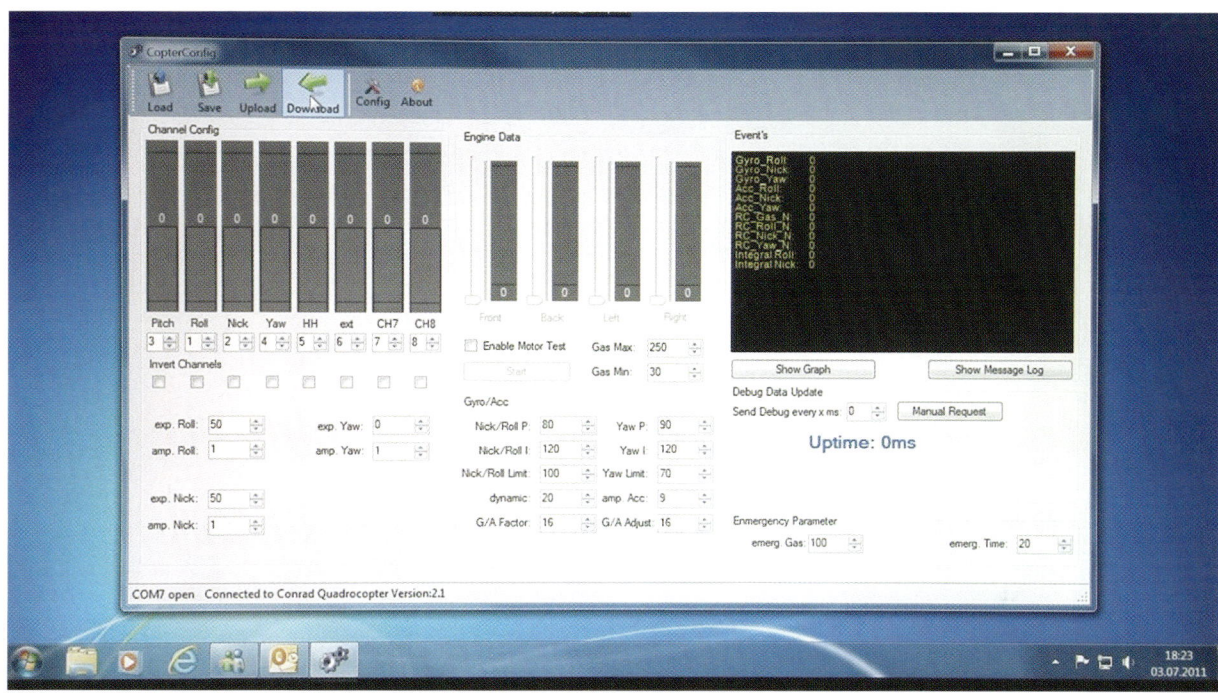

Bild 10.27 – Über die Download-Schaltfläche werden die aktuellen Daten aus dem Quadrokopter in die Software übertragen.

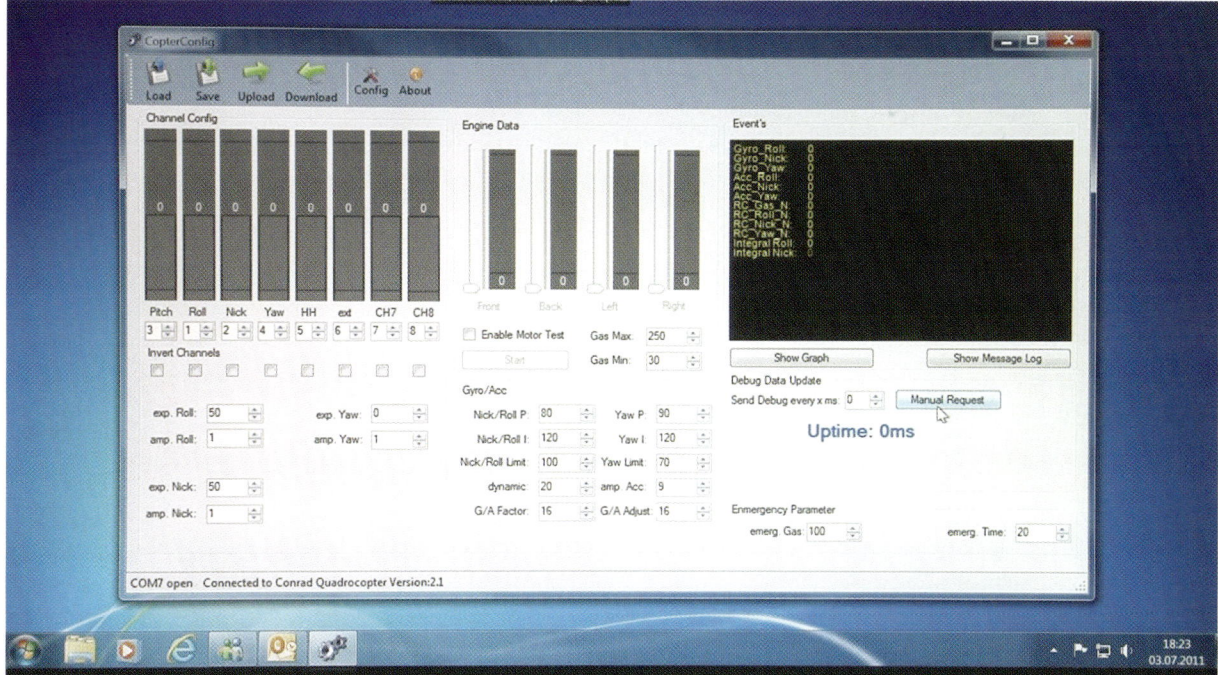

Bild 10.28 – In einem Fenster werden aktuelle Messwerte nach Betätigen der Schaltfläche *Manual Request* eingeblendet.

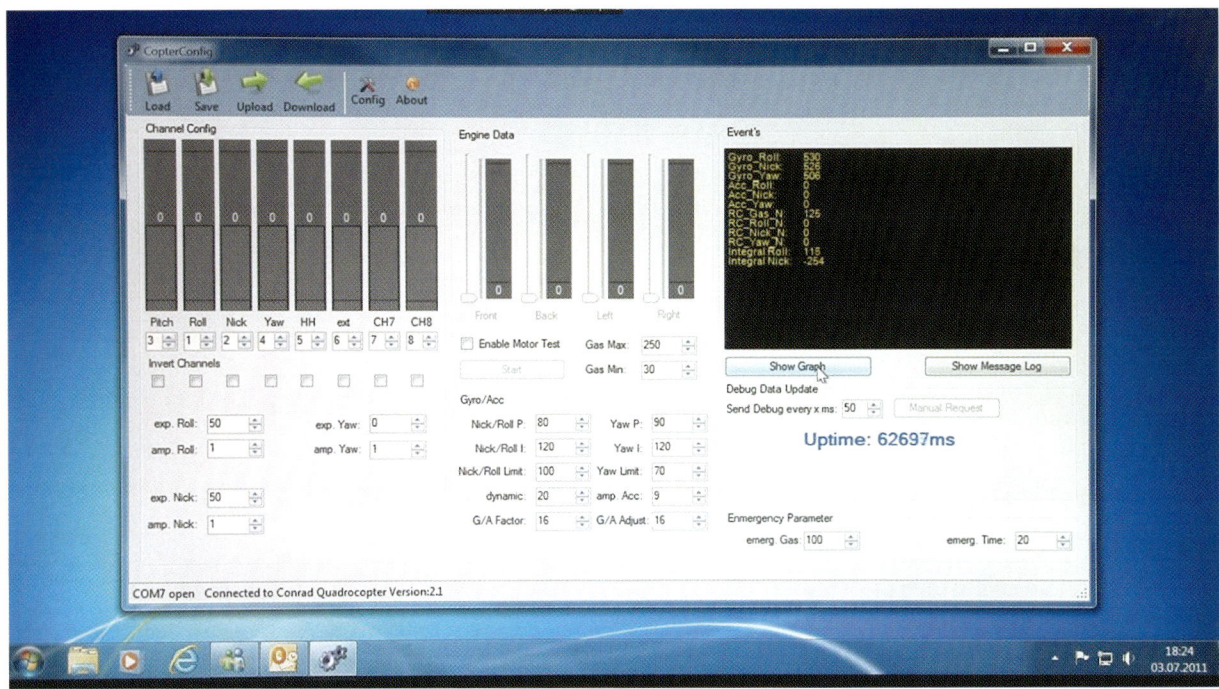

Bild 10.29 – Durch Drücken auf die Schaltfläche *Show Graph* …

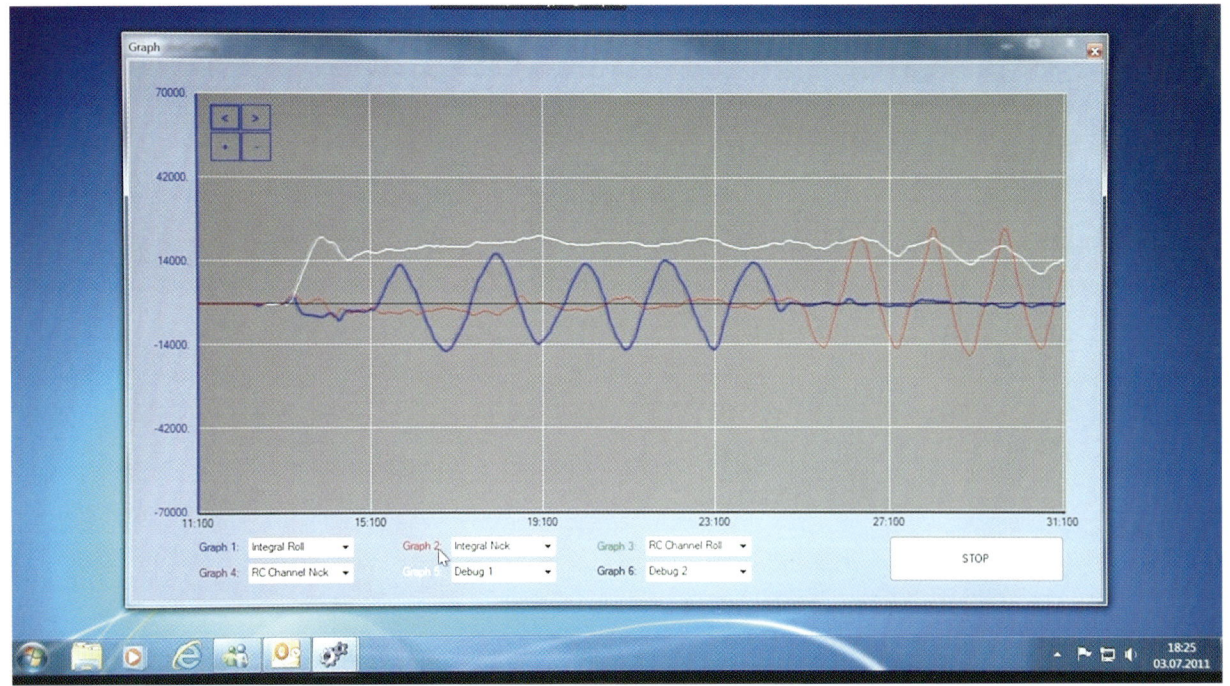

Bild 10.30 – … wird eine grafische Auswertung eingeblendet. Sie zeigt alle Bewegungen des Quadrokopters in Kurvenform an.

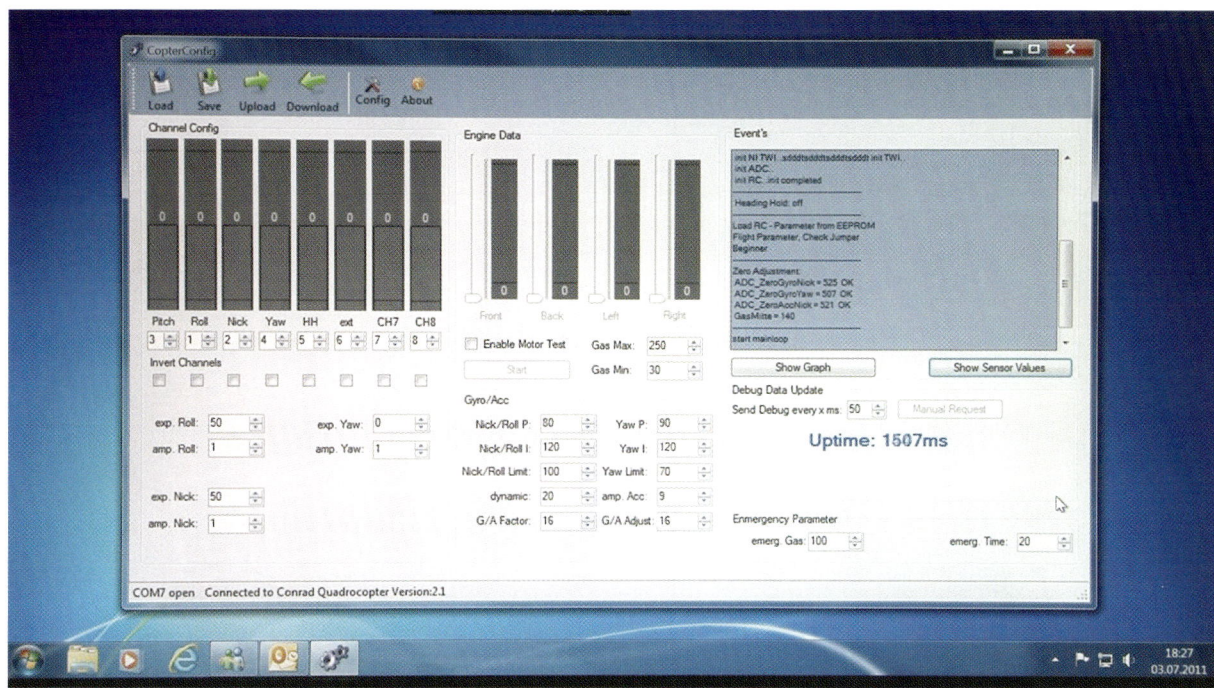

Bild 10.31 – Über die Schaltfläche *Show Sensor Values* werden im rechten Fenster aktuelle Betriebszustände in Textform eingeblendet.

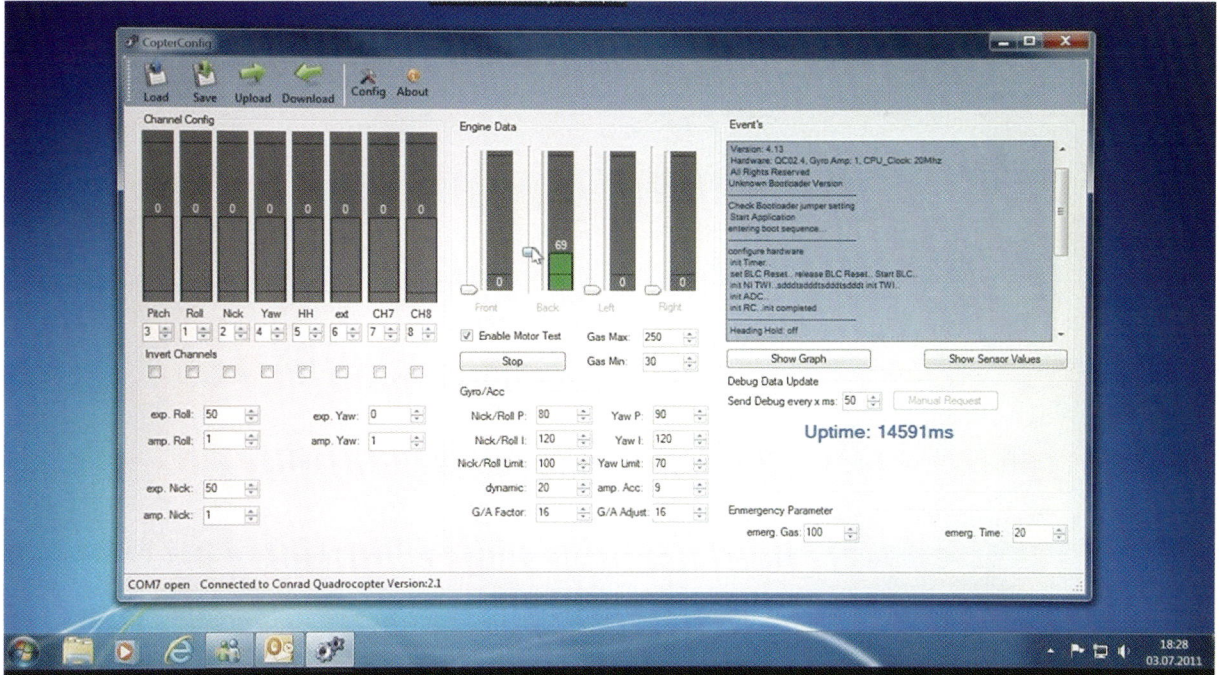

Bild 10.32 – Über die Funktion *Enable Motor Test* kann jeder der vier Motoren des Quadrokopters einzeln angesprochen und über die Programmoberfläche gesteuert werden.

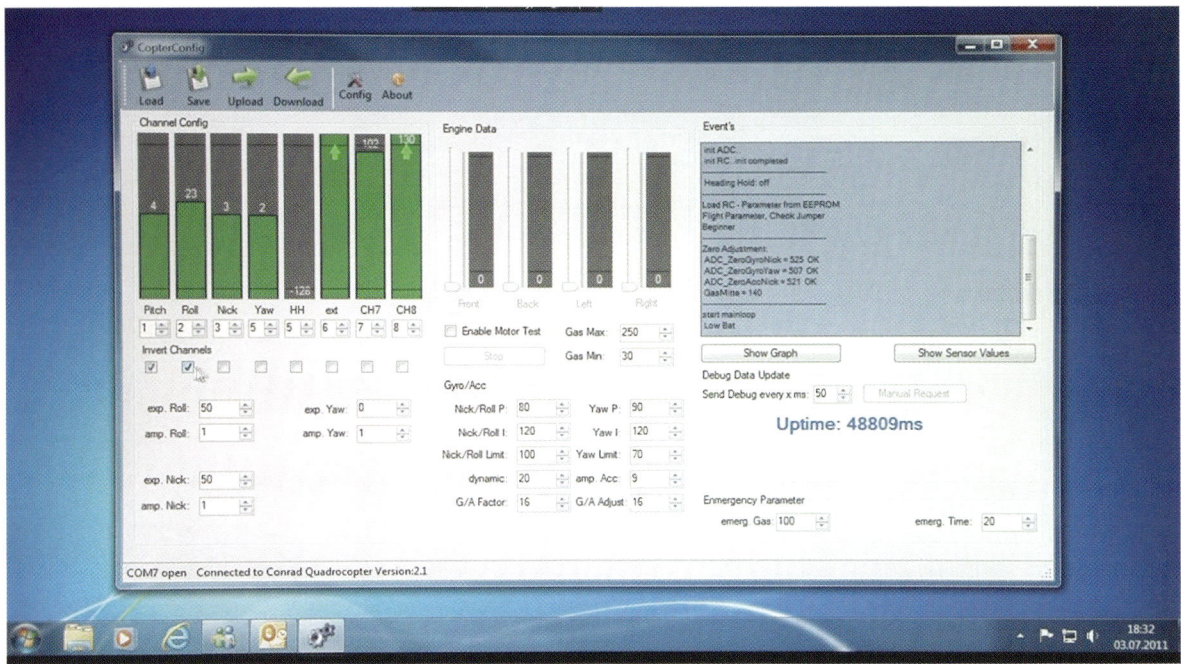

Bild 10.33 – Über acht Balkendiagramme an der linken oberen Ecke werden vom Quadrokopter empfangene Fernsteuerungssignale getrennt nach einzelnen Funktionen angezeigt. Hier kann die Knüppelbelegung auch geändert werden.

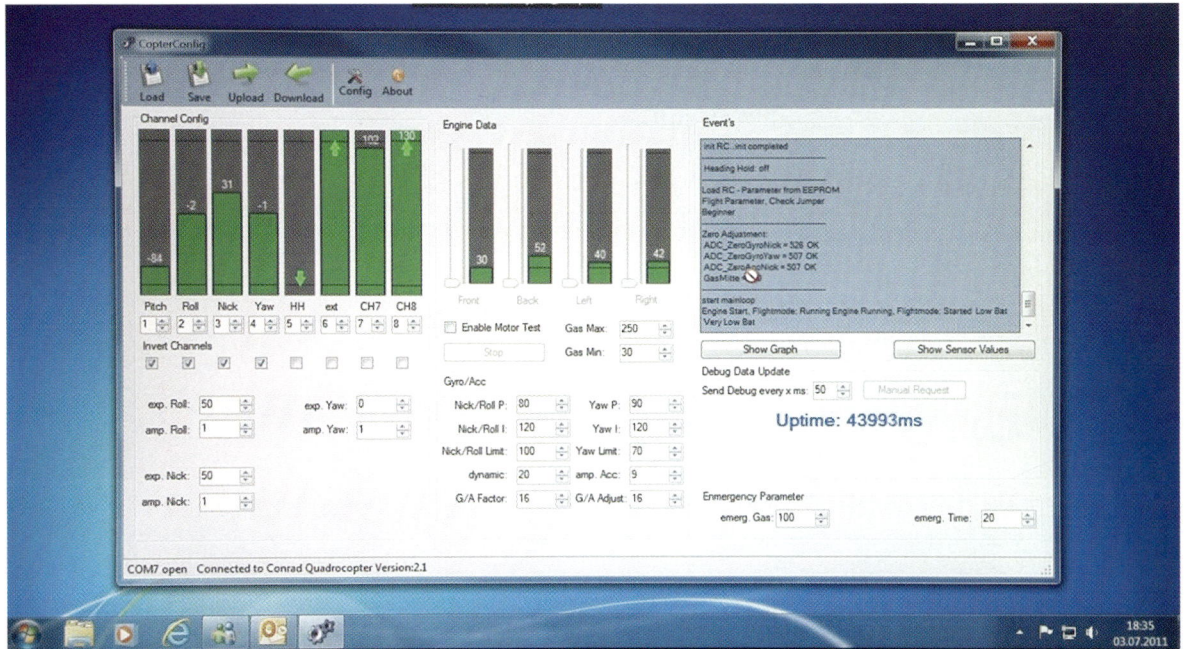

Bild 10.34 – Diese Grafik zeigt, dass entsprechend der Steuerknüppelauslenkung die Drehzahlen der vier Motoren variieren.

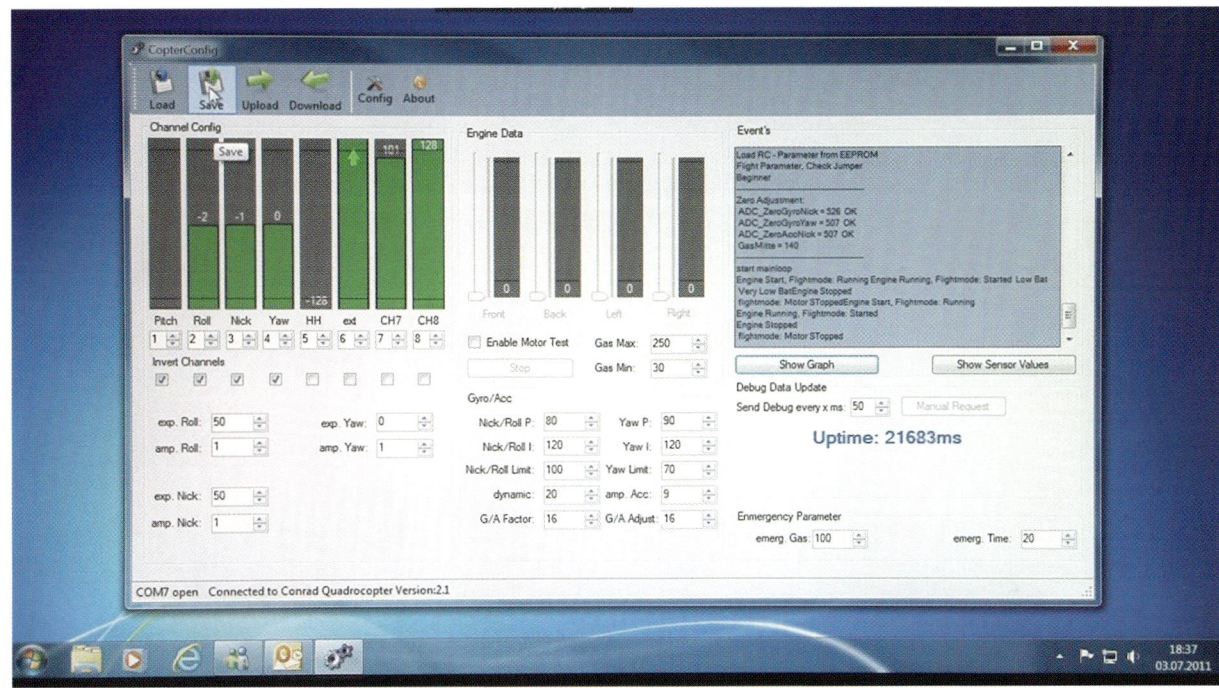

Bild 10.35 – Über die Schaltfläche *Save* können eigene Konfigurationen am PC zwischengespeichert werden.

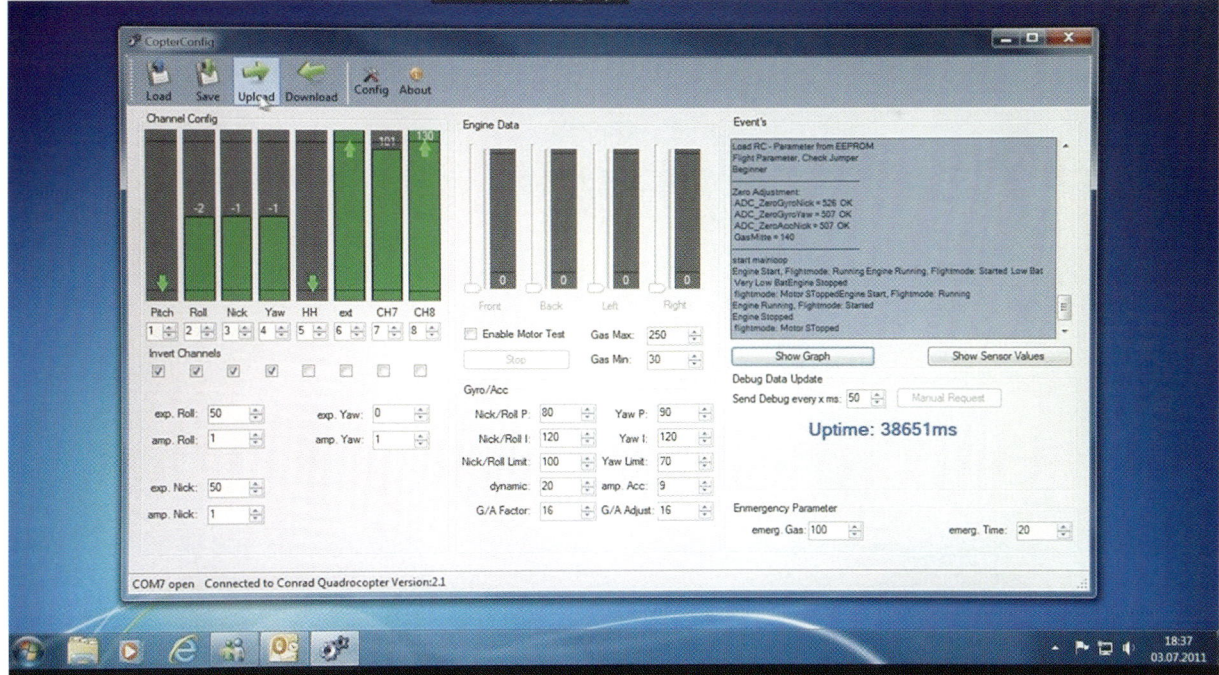

Bild 10.36 – Durch Betätigen von *Upload* wird eine eigene Konfiguration auf den Quadrokopter übertragen.

11 Quadrokopter tunen – Stabilisierungsplatte einbauen

Bei Quadrokoptern sind die vier Motoren mit Propellern an Auslegern montiert. Sie sind bei den Modellen Quadrokopter 450 und 650 schwenkbar ausgeführt und werden am zentralen Gehäuse mit Kunststoffnasen in Position gehalten. Diese Konstruktion ist zwar grundsätzlich stabil, kann bei unsanften Landungen dennoch immer wieder zu ernsthaften Schäden am zentralen Rahmen führen, denn die Ausleger können relativ leicht nach oben oder unten gedrückt werden.

Mit einer sogenannten Stabilisierungsplatte kann die Stabilität des Quadrokopters entscheidend verbessert werden. Sie ist aus High-tech-Aluminium-Verbundmaterial gefertigt und extrem leicht. Sie sorgt für hervorragende Eigenschaften in Bezug auf Stabilität und Belastbarkeit. Mit ihr wird auch die Verwin-

Bild 11.1 – Während die Stabilisierungsplatte beim Quadrokopter 650 (links) zum Lieferumfang gehört, ist sie für den kleineren 450er (rechts) nur als Sonderzubehör erhältlich.

dungsfestigkeit des Rahmens entscheidend verbessert. Außerdem kann sich das Modell nicht mehr so leicht verdrehen. Dadurch ist exakteres Fliegen möglich. Selbst die Flugsicherheit bei höheren Zuladungen wird verbessert.

Entscheidend für den Anfänger ist jedoch, dass mit ihr Beschädigungen nach einem Absturz reduziert werden. Deshalb sollte jeder Quadrokopter von Beginn an mit einer Stabilisierungsplatte ausgestattet werden. Besonders während der ersten Flugversuche stehen unsanfte Landungen auf der Tagesordnung, z. B. weil sich das Modell mit einem Landefuß im Gras verfängt und umkippt. Auch Landungen, bei denen man durchaus noch hohe Fahrt nach vorn oder zur Seite hat, sind am Anfang noch häufig und führen zu Schäden. Mit der Stabilisierungsplatte lassen sich anfängliche Flugfehler nicht vermeiden. Sie sorgt aber dafür, dass nicht jede Bruchlandung in der Anschaffung von Ersatzteilen und einem längeren Aufenthalt in der Werkstatt endet. Deshalb empfehlen wir besonders Fluganfängern, ihren Quadrokopter bereits vor dem ersten Flug mit einer Stabilisierungsplatte auszustatten. Eine Stabilisierungsplatte brandmarkt Sie übrigens nicht als blutigen Anfänger! Selbst Flugprofis nutzen sie – weil sie die verbesserten Flugeigenschaften schätzen und auch bei ihnen nicht jedes Flugmanöver gelingt.

11.1 Stabilisierungsplatte montieren

Die Stabilisierungsplatte ist binnen weniger Minuten am Modell befestigt. Zuerst ist bei mit 35-MHz-Fernsteueranlagen aus-

gestatteten Quadrokoptern die Antenne zu demontieren. Wozu der Antennendraht vom Antennenrohr abzuwickeln ist. Anschließend sind die acht verklebten Schrauben an der Oberseite des Zentralkörpers zu lösen. Nachdem die Schutzfolie von der Stabilisierungsplatte abgenommen wurde, kann sie bereits auf das Modell aufgesetzt werden. Im Zentrum verfügt die Platte über eine große Öffnung, durch die man weiter Zugang zur Elektronik hat. Durch sie sind auch die Akkuanschlussdrähte nach oben zu fädeln. Rund um diese Öffnung sind acht Bohrungen angeordnet, die mit denen im Zentralrahmen in Deckung zu bringen sind. Eine neunte Bohrung dient zum Durchfädeln des Antennenträgers. Sie sorgt damit gleichzeitig dafür, dass die Stabilisierungsplatte in der korrekten Position montiert wird. Sie ist mit acht Schrauben am Zentralrahmen anzuschrauben. Anschließend sind die beiden Klettbänder wieder durch den Zentralrahmen zu fädeln. Sie dienen, wie auch beim Quadrokopter ohne Stabilisierungsplatte, zum Befestigen des Flugakkus. Der Stabilisierungsplatte liegen vier Klettverschlussbänder bei. Mit ihnen wird sie an den vier Auslegern fest angebunden. Eines dieser vier Bänder ist rot. Mit ihm lässt sich die Längsachse markieren. Womit es entweder an der Vorder- oder Rückseite des Quadrokopters zu befestigen ist.

Damit scheint die Stabilisierungsplatte einerseits nur lose am Fluggerät montiert zu sein. Doch der Schein trügt, denn allein schon durch die Montageart können die vier Ausleger bei hartem Bodenkontakt nicht mehr nach oben ausgelenkt werden. So werden auch Schäden an ihnen selbst und am Zentralrahmen minimiert. Zuletzt ist die Drahtantenne wieder auf das Antennenrohr zu wickeln und zu fixieren.

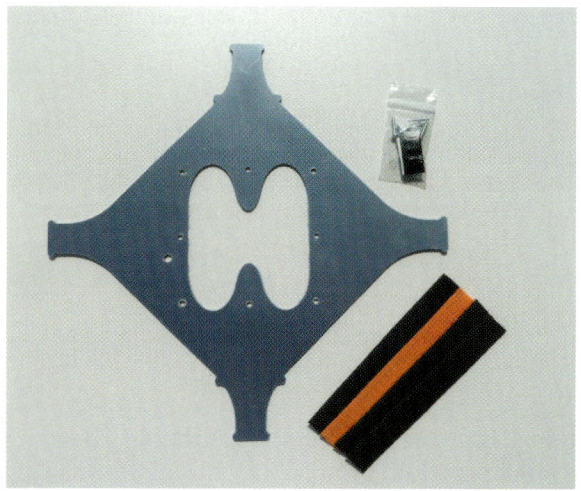

Bild 11.2 – Stabilisierungsplatte mit noch aufgezogener Schutzfolie und Zubehör.

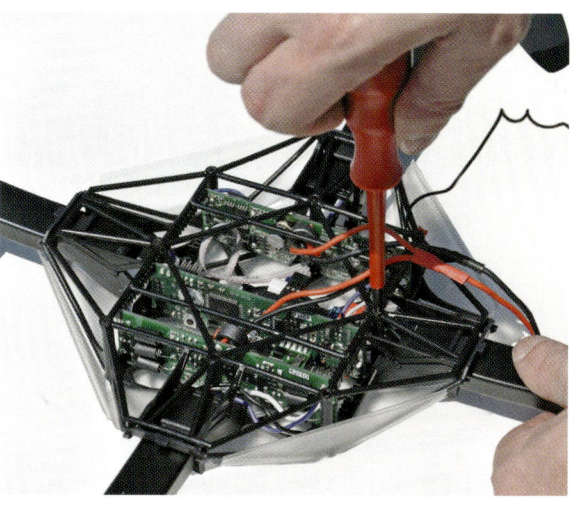

Bild 11.4 – Die acht verklebten Schrauben, mit denen der Zentralrahmen zusammengehalten wird, werden gelöst.

Bild 11.3 – Zuerst ist vom Antennenträger die Drahtantenne abzuwickeln.

Bild 11.5 – Fädeln Sie das Antennenrohr durch die dafür vorgesehene Bohrung in der Stabilisierungsplatte.

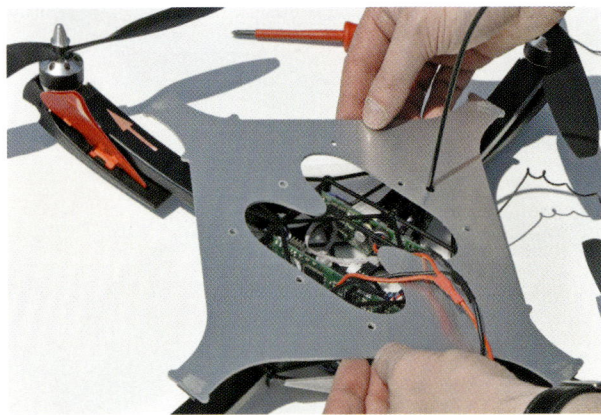

Bild 11.6 – Beim Aufsetzen der Stabilisierungsplatte nicht die Akkuanschlussleitungen einzwicken.

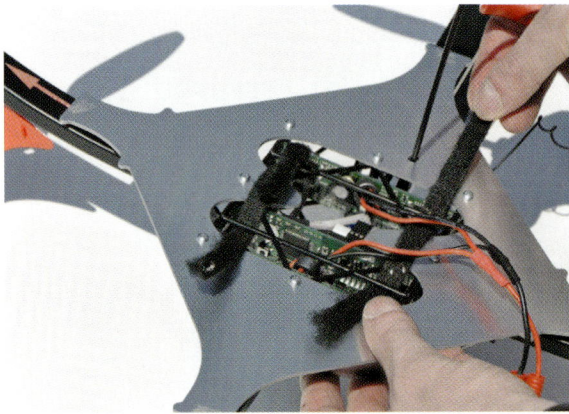

Bild 11.8 – Die Klettverschlussbänder zum Befestigen des Flugakkus sind einzufädeln.

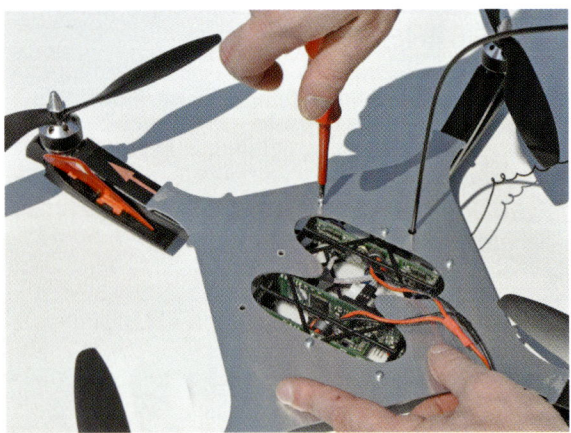

Bild 11.7 – Die Stabilisierungsplatte ist mit acht Schrauben am Zentralrahmen anzuschrauben.

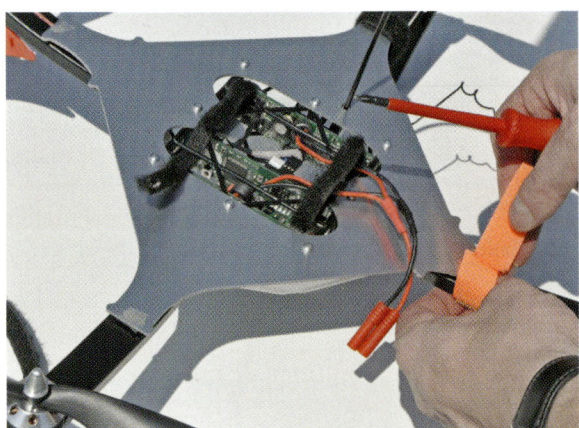

Bild 11.9 – Mit Klettverschlussbändern wird die Stabilisierungsplatte an den Auslegern fixiert.

12 Quadrokopter mit Landegestell ausstatten

In der Originalausstattung verfügen der Quadrokopter 450 und 650 über vier Landefüße, die im rechten Winkel von den auch die Motoren tragenden Auslegern nach unten abgehen. Sie verleihen dem Flugmodell einen sicheren Stand – allerdings nur auf weitgehend glatten Oberflächen, wie vielleicht der Hauseinfahrt oder niedrigem, frisch gemähtem Rasen.

Der Quadrokopter lässt sich mit einem Landegestell hochrüsten. Es besteht aus vier um rund 60° gebogenen Beinen aus Kunststoff, durch die zwei Carbonrohre zu schieben sind. Sie erfüllen die Aufgabe von Kufen und sorgen dafür, dass sich der Quadrokopter auch in unwegsamerem Gelände gut aufstellen und landen lässt. Hier hilft auch die größe-

Bild 12.1 – Quadrokopter 650 mit Landegestell.

re Bodenfreiheit, die mit Landegestell rund 13 cm beträgt, mit den Füßen nur 6 cm.

Das Material des Landegestells ist extrem flexibel und nahezu unzerbrechlich. Außerdem ist es sehr leicht. Die Carbonrohre sorgen für zusätzliche Stabilität und verteilen die Kräfte gleichmäßiger auf die Landebeine. Durch das Landegestell kann der Raum unter dem Zentralrahmen besser für Nutzlasten wie eine Kamera oder eine Seilwinde genutzt werden. Zusammen mit der Stabilisierungsplatte wird der gesamte Rahmen deutlich stabiler. Die auf die einzelnen Ausleger wirkenden Kräfte werden verkleinert. Außerdem werden Beschädi-

gungen nach härteren Landungen oder kleineren Abstürzen minimiert.

12.1 Landegestell montieren

Als Erstes sind die vier Landebeine, die an den Auslegern aufgesteckt sind, abzunehmen. Da sie nur aufgesteckt sind, wird dazu kein Werkzeug benötigt. Grundsätzlich könnten sie auch am Modell verbleiben, erfüllen aber keine Funktion mehr. Statt den kurzen Landebeinen sind in den Metallprofilen abgerundete

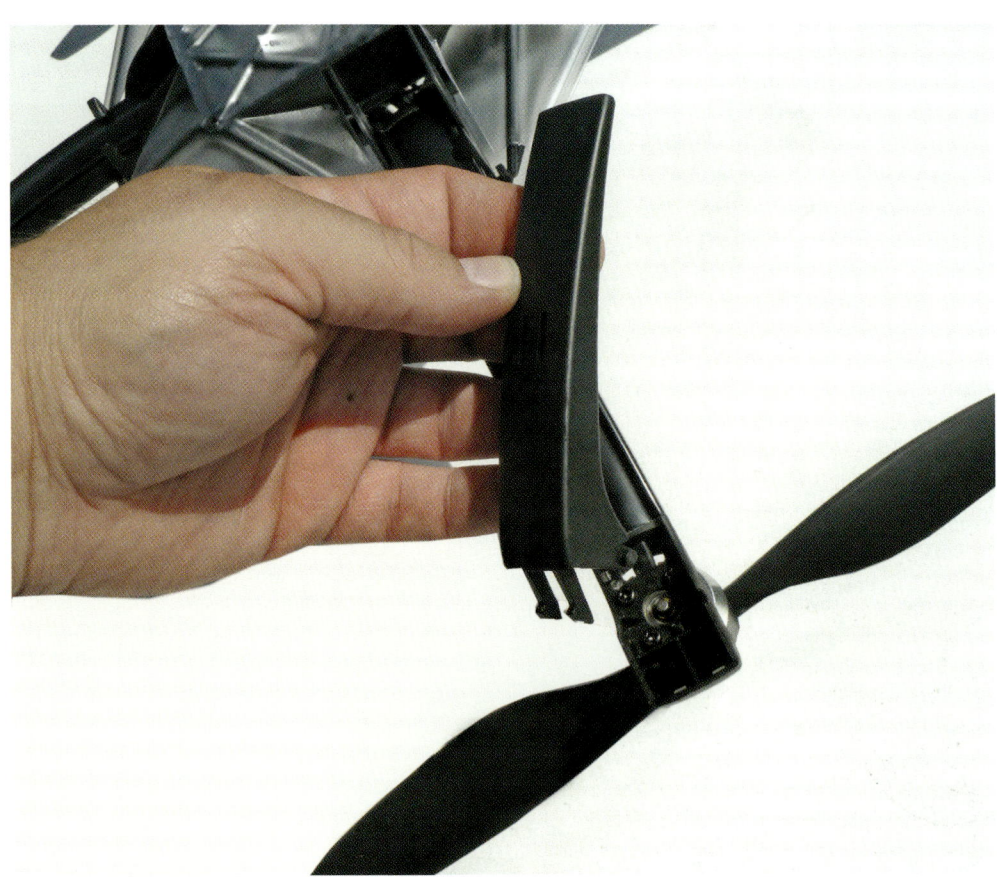

Bild 12.2 – Zuerst sind die originalen Landefüße abzunehmen.

Abschlussstücke einzubauen. Sie minimieren die Verletzungsgefahr, da keine scharfen Kanten erhalten bleiben. Die untere durchsichtige Gehäusehalbschale ist mit vier Schrauben am Zentralrahmen befestigt. Diese sind zu lösen. Anschließend ist das erste der vier Landegestellbeine an einer der vier Ecken anzuschrauben. Die bereits am Quadrokopter montierten Beine überlappen sich in der Mitte des Zentralgestellrahmens. Hier sind sie ebenfalls zusammen- und gleichzeitig am Rahmen anzuschrauben. Damit erhält die gesamte Konstruktion bereits eine deutlich höhere Stabilität.

Am unteren Ende der vier Teile des Landegestells sind Bohrungen angebracht, durch die Gummidurchführungen zu stecken sind. Anschließend sind durch sie die beiden Carbonrohre zu stecken. Bevor an deren Enden die Abschlusskappen gesteckt werden, muss man farbige Schlauchstücke auf sie auffädeln. Je zwei liegen in den Farben Gelb und Rot bei. Sie helfen, die Lage des fliegenden Modells vom Boden aus besser ausmachen zu können. Damit dies besonders leicht gelingt, sind z. B. die beiden roten Schlauchstücke an der Vorderseite, also in Flugrichtung, aufzustecken, die beiden gelben an der Rückseite. Zuletzt sind Abschlussstücke auf die Carbonrohre zu stecken.

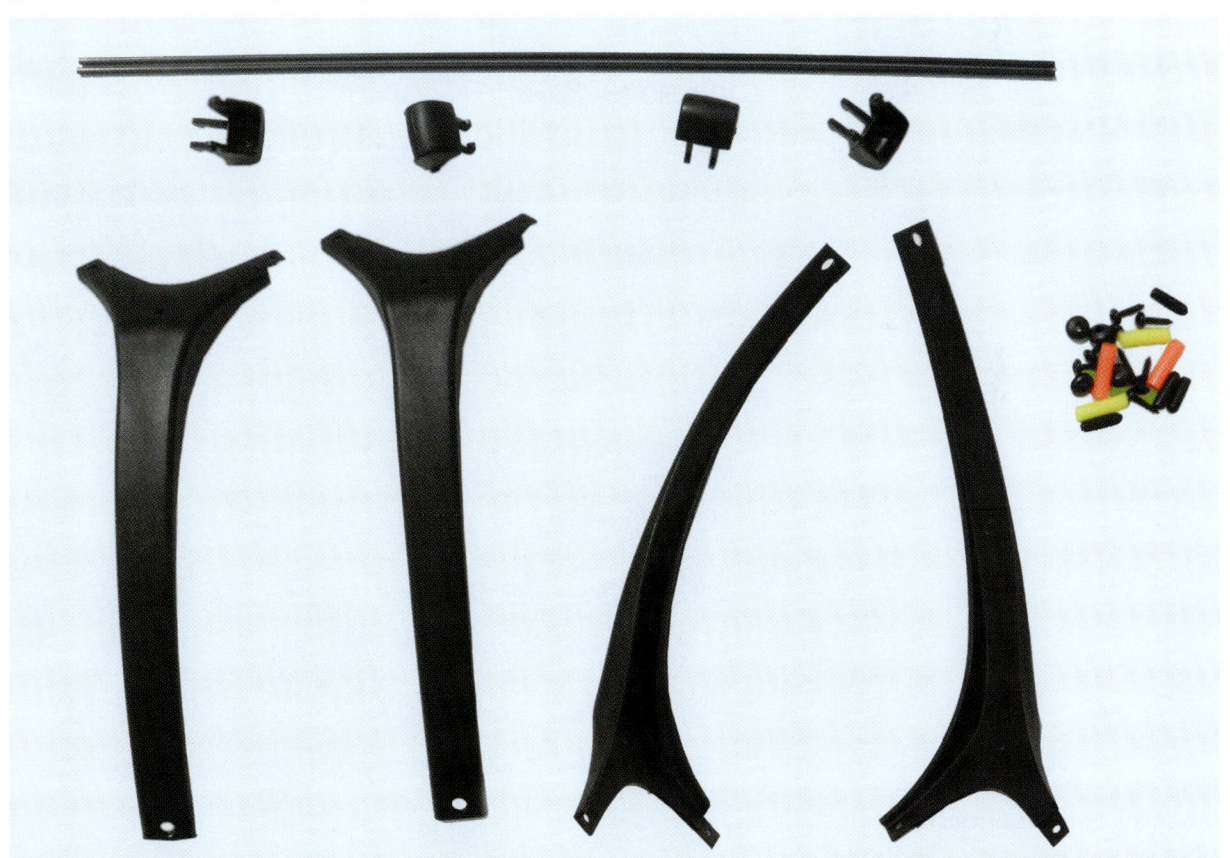

Bild 12.3 – Das Landegestell besteht aus vier langen Beinen, zwei Carbonrohren sowie einigem an Kleinteilen.

Bild 12.4 – Die vier Teile des Landegestells sind zuerst an den Ecken des Unterteils des Zentralgestells zu befestigen.

Bild 12.5 – Die bereits am Quadrokopter montierten Beine überlappen sich in der Mitte des Zentralgestellrahmens. Hier sind sie ebenfalls zusammen- und am Rahmen anzuschrauben.

Bild 12.6 – Am unteren Ende der vier Teile des Landegestells sind Bohrungen angebracht, durch die Gummidurchführungen zu stecken sind.

Bild 12.7 – Anschließend sind durch sie die beiden Carbonrohre zu stecken.

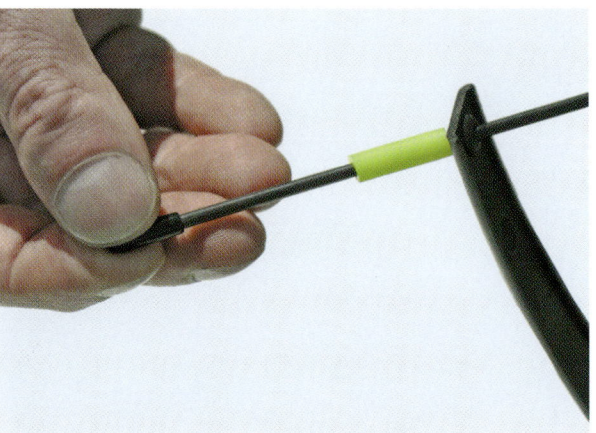

Bild 12.8 – Bevor an deren Enden die Abschlusskappen gesteckt werden, sind auf sie farbige Schlauchstücke aufzufädeln. Sie helfen, die Lage des fliegenden Modells vom Boden aus besser auszumachen.

Bild 12.9 – Zuletzt sind Abschlussstücke auf die Carbonrohre zu stecken.

Bild 12.10 – Mit Stabilisierungsplatte und Landegestell versehener Quadrokopter

13 Quadrokopter-Beleuchtungsset

Das Quadrokopter-Beleuchtungsset besteht aus acht flexiblen Leuchtstreifen mit je 12 LEDs. Je zwei sind mit LEDs der Farben Rot, Blau, Amber und Grün bestückt. Sie sorgen für Abwechslung und bunte Effekte, aber auch dafür, dass die Lage des Quadrokopters auch bei Dunkelheit gut erkennbar bleibt. Z. B., indem man für die Vorderseite der Längsachse die roten LED-Streifen vorsieht.

Die LED-Streifen eignen sich für den kleinen Quadrokopter 450 und für den größeren 650er. Für Letzteren scheinen sie auf den ersten Blick auch besser angepasst zu sein, da wegen seiner größeren Abmessungen die Leuchtstreifen besser Platz finden. Für den Quadrokopter 450 sind sie genau genommen etwas zu lang. Sie können mit der Schere aber zurechtgeschnitten werden.

Die LED-Streifen sind bereits mit ausreichend langen Drähten miteinander verbunden und müssen dank rückwärtiger Klebefolie nur an die gewünschten (glatten, sauberen und fettfreien) Stellen geklebt werden.

während des Flugs gut erkennbar sein. Ist der Quadrokopter in der Luft, sieht man ihn vor allem von unten und von der Seite. Würde man die Nachtbeleuchtung an der Oberseite anbringen, würde man nicht allzu viel davon sehen.

Die LED-Streifen sind bereits fertig vorverdrahtet. Bei ihrer Installation am Fluggerät muss man primär darauf achten, dass sich nichts verknotet. Ist ein Streifen nämlich einmal angeklebt, lässt er sich nicht mehr so leicht lösen. Auch klebt er auf einer neuen Position nicht mehr so gut.

Jeder Streifen ist mit 12 LEDs versehen. Je nachdem, wo ein Streifen hingeklebt werden soll, ist er, zumindest beim kleineren Quadrokopter 450, meist zu lang. Das ist aber kein Problem. Überlängen lassen sich einfach abschneiden. Dazu sind die einzelnen LEDs in Dreiergruppen zusammengefasst und an der Vorderseite optisch durch Striche und Scherensymbole gekennzeichnet. Sie zeigen die Position, an der man die Schere ansetzen darf.

13.1 Installation

Die Installation der acht LED-Leuchtstreifen am Quadrokopter ist mehr als einfach. Sie sind an ihrer Rückseite mit einem Klebestreifen versehen. Nachdem die Schutzfolie abgezogen wurde, kann man jeden LED-Streifen dorthin kleben, wo man ihn haben möchte. Achtung: Die LED-Streifen sollen

13.2 Plug-and-play?

Am Ende der zusammengeschalteten LED-Streifen ist ein ausreichend langes Anschlusskabel vorgesehen. Es ist mit einem vierpoligen Flachstecker versehen, von dem die beiden äußeren Kontakte mit dem Plus- und Minuspol belegt sind. Praktisch: Die LED-Effektbeleuchtung benötigt 11,1 V. Das

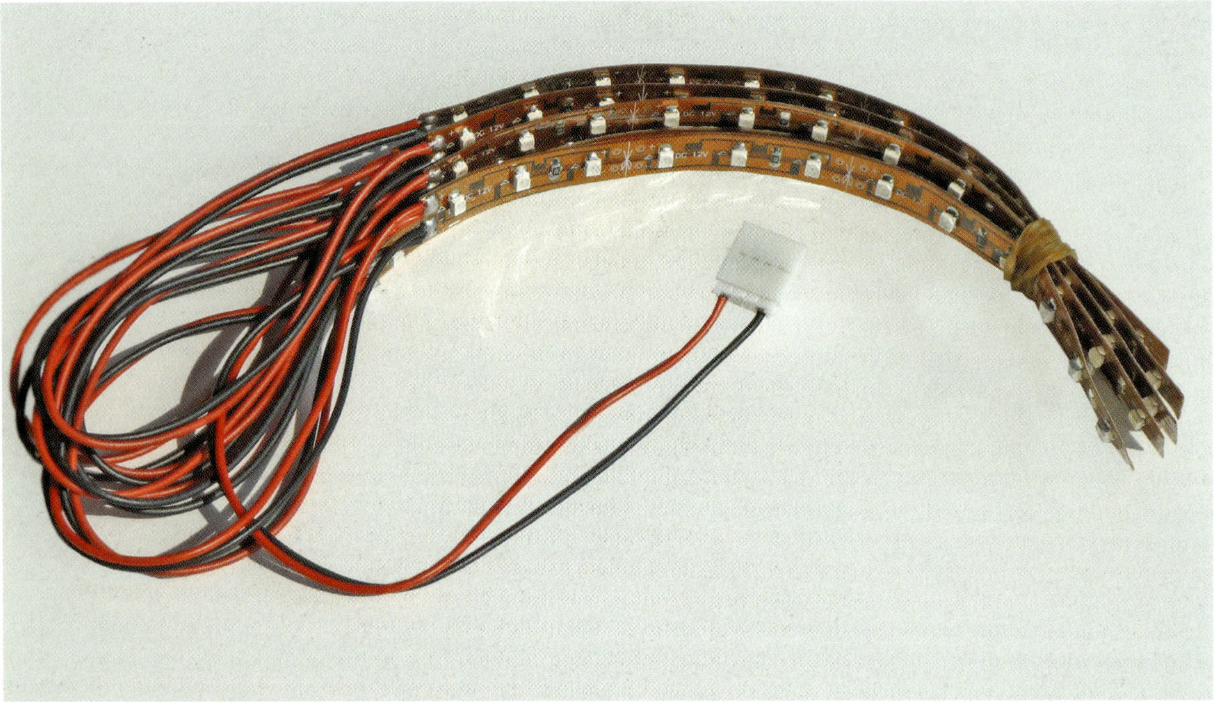

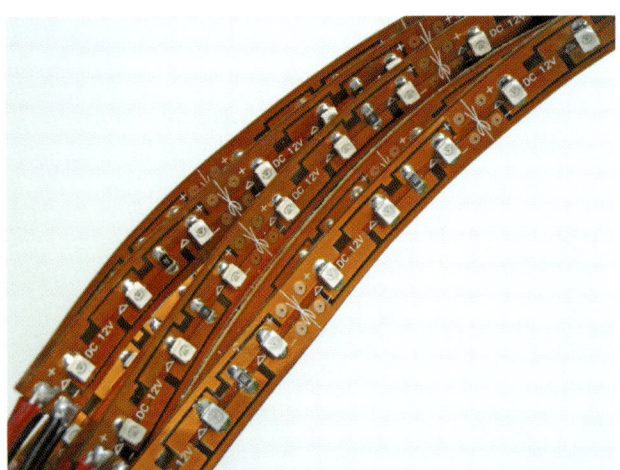

Bild 13.1 – Das LED-Beleuchtungsset ist ein nützliches Zubehörteil für den Quadrokopter, mit dem Nachtflüge effektvoll in Szene gesetzt werden können.

Bild 13.2 – Jeder der acht LED-Streifen enthält 12 LEDs. Um sie auch an kleineren Modellen einsetzen zu können, sind sie in Dreiergruppen aufgeteilt und können auf die passende Länge abgeschnitten werden.

ist genau jene Spannung, die auch der Quadrokopter zum Fliegen braucht. Also wird es auf einer der drei Platinen eine Anschlussleiste geben, an der die Lichterkette einfach anzudocken ist. Sie würde dann vom Flugakku mit Strom versorgt werden. Doch eine solche Leiste sucht man am Quadrokopter vergebens. Also doch nichts mit Plug-and-play?

Man könnte von der LED-Beleuchtung den Stecker abzwicken und die beiden Leitungen mit einem Lötkolben an geeigneter Stelle im Nahbereich der Akkuanschlüsse anlöten. Doch wäre diese Lösung wirklich so gut? Schließlich würde dann die Beleuchtung immer in Betrieb sein, auch am Tag, wo man davon ohnehin kaum etwas mitbekommt. Unangenehm wäre dabei auch, dass damit wertvolle Akkukapazität für die Beleuchtung verschwendet würde – auch dann, wenn sie nicht gebraucht wird. Kürzere Flugzeiten wären die unausweichliche Folge. Und einen Schalter in die LED-Streifenzuleitung einzubauen, wäre zu kompliziert gedacht.

Die Lösung ist einfacher, als man denkt. Sieht man sich den Anschlussstecker etwas genauer an, erinnert er an den Balancer-Anschluss der LiPo-Akkus. Dieser ist jedoch nicht einheitlich genormt, weshalb es mehrere Systeme gibt. Sofern man aber bereits mehrere Akkus verschiedener Anbieter zu Hause hat, ist die Wahrscheinlichkeit groß, dass man einen besitzt, an den man die LED-Beleuchtung direkt anschließen kann.

Wenn die LED-Streifen so eine eigene Stromversorgung haben, belasten sie den Flugakku nicht, und die Flugzeit verringert sich nicht. Außerdem kann man selbst bestimmen, wann die Effektbeleuchtung eingesetzt werden soll und wann nicht. Möchte man sie haben,

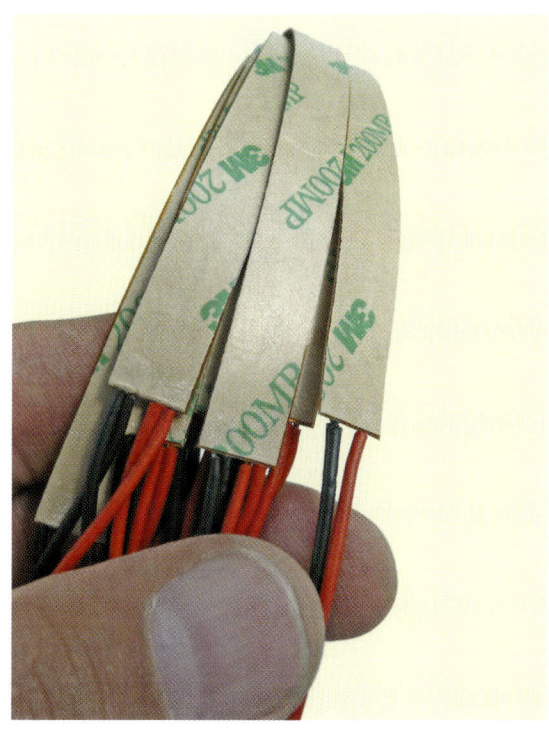

Bild 13.3 – Die LED-Streifen sind selbstklebend. An ihrer Rückseite muss man nur die Schutzfolie abziehen.

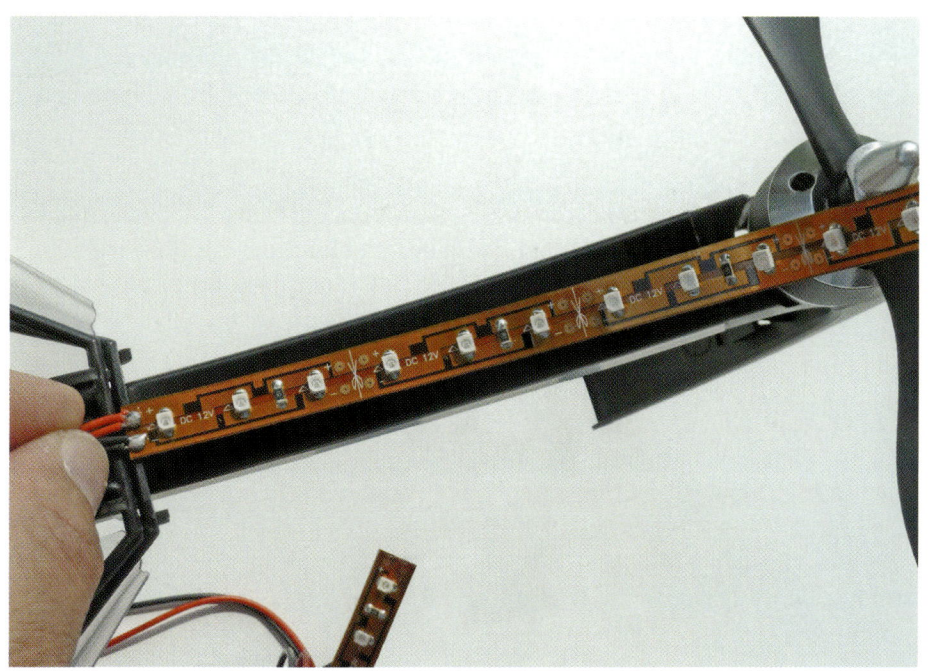

Bild 13.4 – Damit der Quadrokopter besonders effektvoll in Szene gesetzt wird, ist die LED-Beleuchtung am besten an seiner Unterseite anzukleben. Fliegt man tief, kann sie auch oben sinnvoll sein.

kommt einfach der zweite Akku mit an Bord. An seinen Balancer-Anschluss wird einfach die LED-Beleuchtung angedockt. Da diese nicht viel Strom benötigt, ist das auch zulässig. So haben wir es bei der LED-Effektbeleuchtung für den Quadrokopter letztlich doch mit einer Plug-and-play-Lösung zu tun.

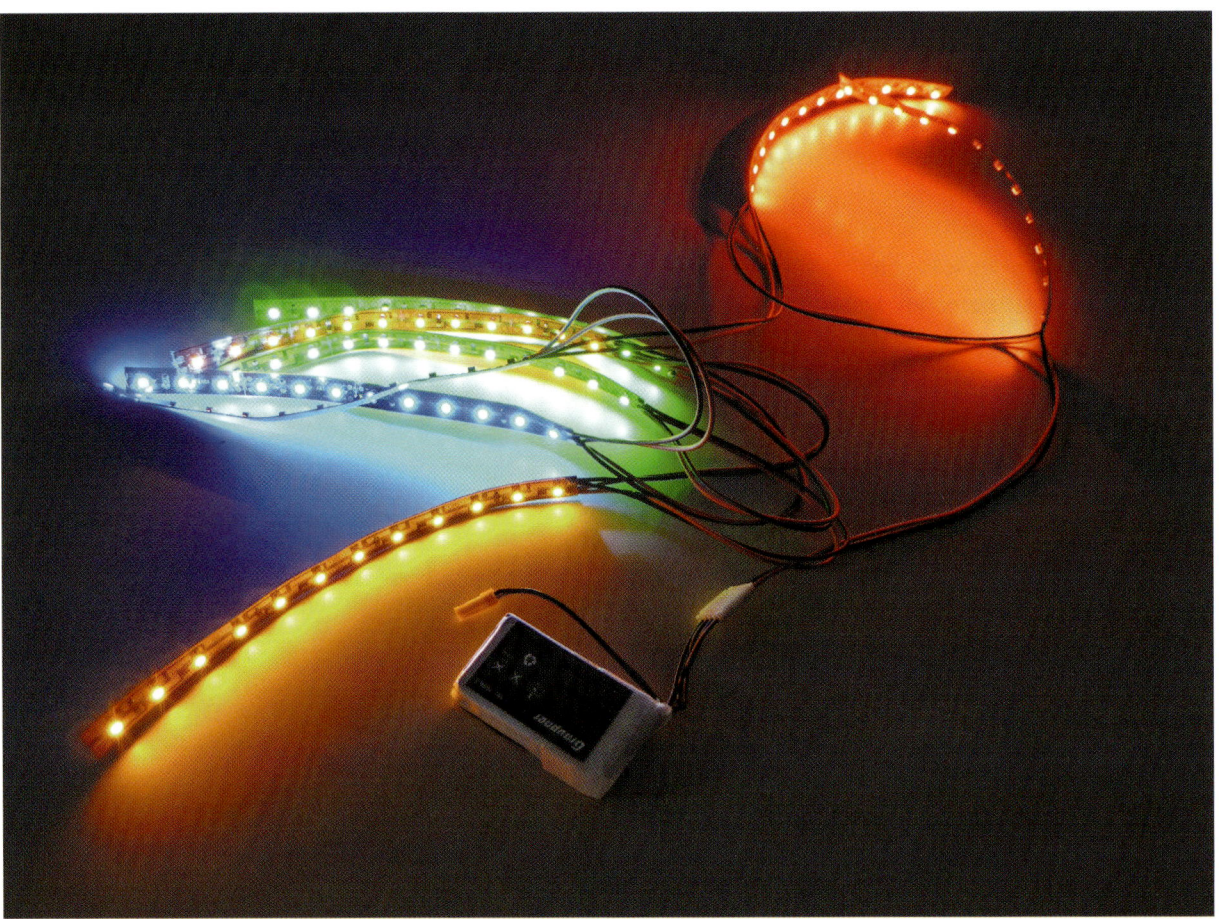

Bild 13.5 – Das LED-Beleuchtungsset ist bereits mit einem Stecker versehen, der als Balancer-Anschluss bei vielen LiPo-Akkus zum Einsatz kommt. Damit kann man sie direkt an einen solchen anschließen.

14 Experimentalrahmen

In seiner Standardausführung wurde beim Quadrokopter auch Wert auf Design gelegt. Zusätzlich haben die zusammenklappbaren Ausleger ihren Reiz, weil sie so den Quadrokopter besonders leicht transportierbar machen. Diese Eigenschaften erkauft man sich allerdings um den Preis der etwas geringeren Stabilität.

Wer aus seinem Modell ein richtig stabiles machen möchte, kommt am Experimental-

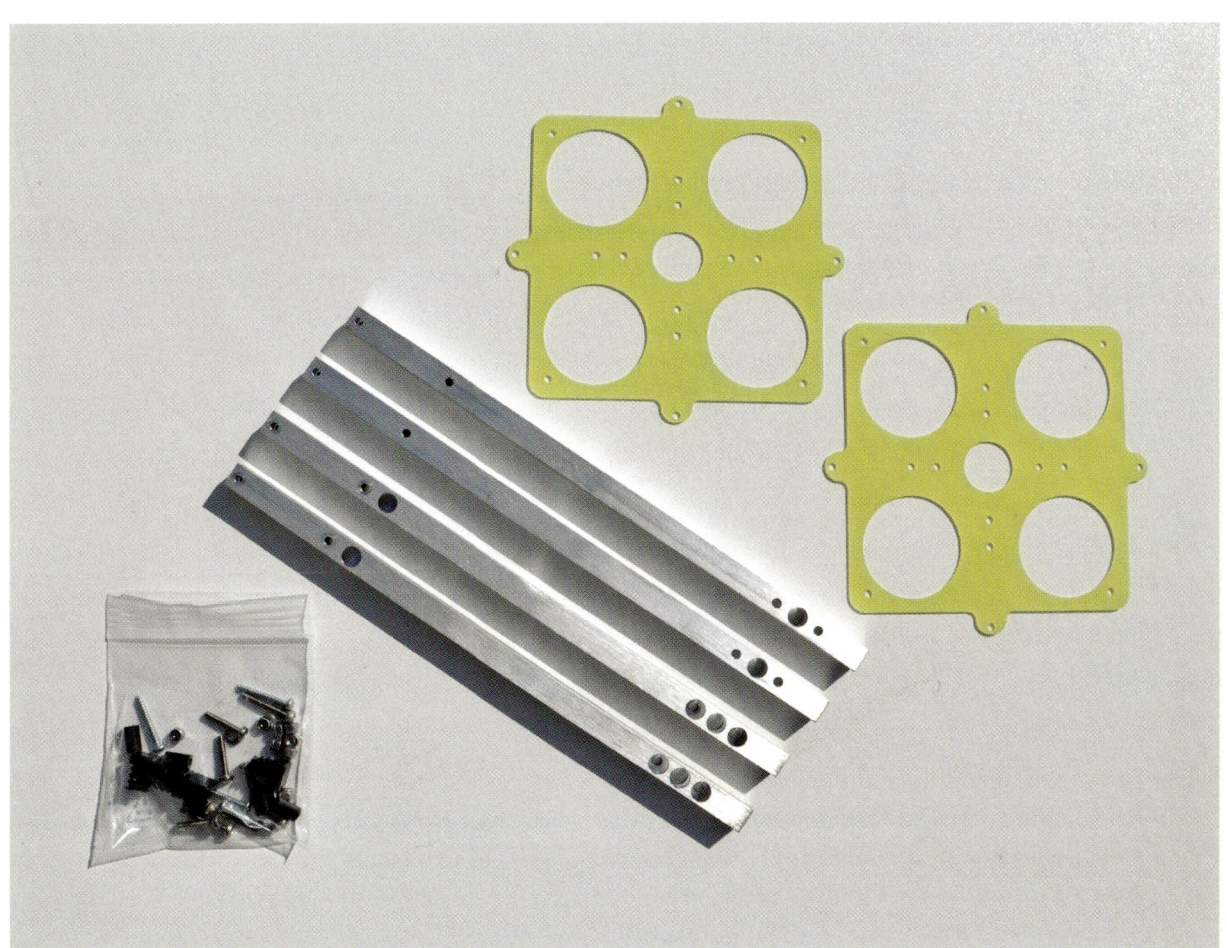

Bild 14.1 – Der Experimentalrahmen besteht im Wesentlichen aus vier Aluminium-Vierkant-profilen und zwei Zentralplatten.

rahmen kaum vorbei. Er besteht aus vier Aluminium-Vierkantprofilen, zwei Zentralplatten aus rund 1 mm dickem GFK sowie Montagematerial.

Der Rahmen kann gleich mehrere Funktionen erfüllen: Mit ihm als Basisgestell kann ein individueller Quadrokopter aufgebaut werden, und der stabile und schlanke Aufbau ermöglicht vielfältige Varianten. Damit kann der Quadrokopter beispielsweise in eine fliegende Comic-Figur verwandelt werden. Der Quadrokopter 450 von REELY lässt sich ebenfalls mit dem Experimentalrahmen ausstatten. Dies setzt allerdings umfangreichere Umbauarbeiten voraus.

14.1 Schritt 1: Fast alles zerlegen

Der Einbau des stabilen Experimentalrahmens erfordert ein fast vollständiges Zerlegen des Quadrokopters. Zuerst ist die untere Gehäuse-Halbschale zu entfernen. Sie ist mit vier Schrauben am Zentralrahmen befestigt. Der Zentralrahmen selbst besteht ebenfalls aus einem Ober- und einem Unterteil, die mit acht verklebten Schrauben zusammengehalten werden. Zwischen ihnen ist die gesamte Quadrokopterelektronik eingebaut. Nachdem die obere Hälfte des Zentralrahmens abgenommen wurde, liegt die Elektronik des Quadrokopters frei. Sie besteht beim Quadrokopter 450 aus drei Platinen. Die mittlere enthält die gesamte Empfangselektronik, die beiden äußeren dienen der Motorsteuerung, wobei jede Platine zwei Motoren steuert. Die Anschlussdrähte der Motoren sind an ihren Schmalseiten angelötet. Damit die Motor-

anschlussleitungen in späterer Folge aus den Auslegern gefädelt werden können, müssen diese Drähte zuerst von den Platinen abgelötet werden. Doch hier ist Bedachtsamkeit geboten! Zuerst ist zu notieren, an welcher Seite welcher Motor angeschlossen ist. Außerdem empfiehlt sich aufzuschreiben, wo die einzelnen Motordrähte genau angelötet sind. Für die Lötaufgabe genügt ein kleiner Lötkolben mit einer Leistungsaufnahme von rund 15–30 W. Anschließend können die vier Ausleger vom Zentralrahmen abgenommen werden. In weiterer Folge sind die Platinen aus dem Zentralrahmen zu nehmen. Zuletzt sind die Motoren aus den Auslegern auszubauen, wozu jeweils vier Schrauben zu lösen sind. Außerdem sind die Motoranschlussleitungen aus den Auslegern zu fädeln.

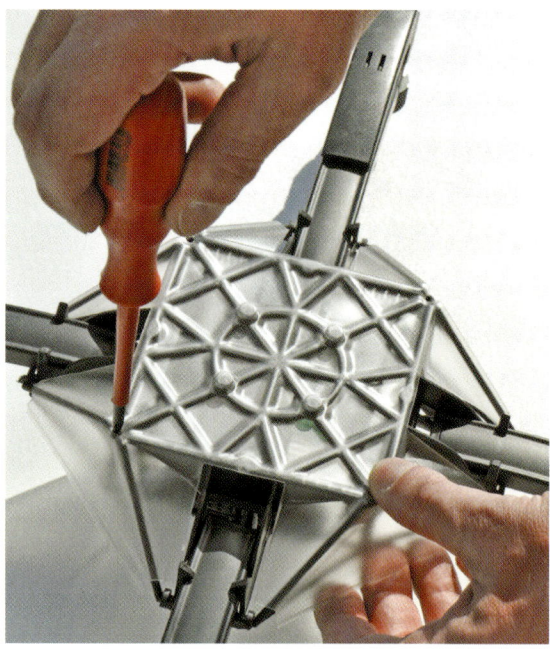

Bild 14.2 – Zuerst ist die untere Gehäusehalbschale vom Zentralrahmen zu entfernen.

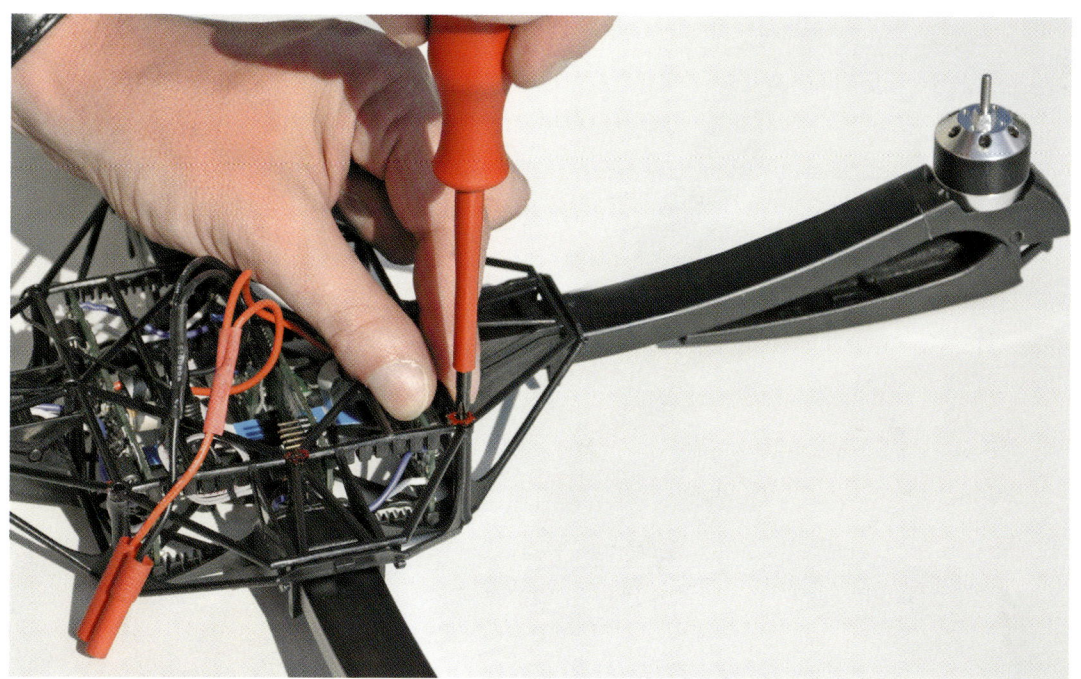

Bild 14.3 – Zum Ausbauen der gesamten Quadrokopterelektronik ist der Zentralrahmen aufzuschrauben.

Bild 14.4 – Nachdem der obere Teil des Zentralrahmens abgenommen wurde, liegt die Quadrokopterelektronik frei.

Bild 14.5 – Die Motoranschlussleitungen sind von den beiden äußeren Platinen abzulöten.

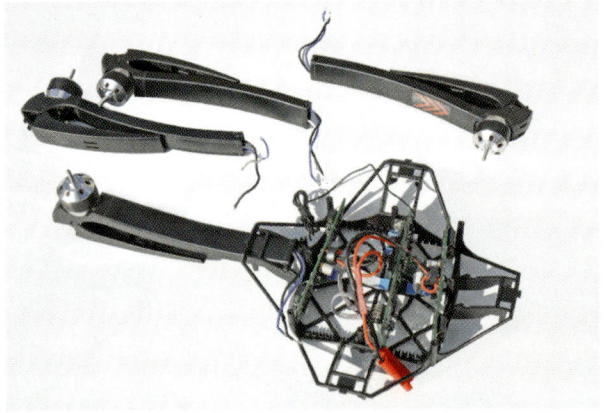

Bild 14.7 – Zentralrahmen mit weitgehend ausgebauten Motorträgern.

Bild 14.6 – Anschließend können die Ausleger vom Zentralrahmen ausgebaut werden.

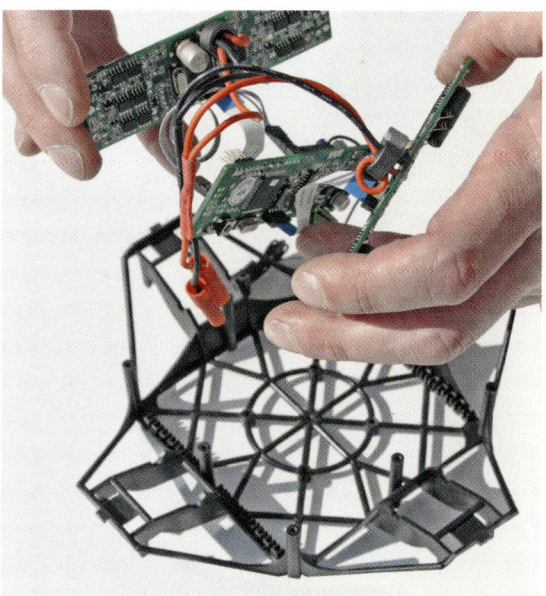

Bild 14.8 – Dann sind die Platinen aus dem Zentralrahmen zu nehmen.

14.2 Schritt 2: Experimentalrahmen vorbereiten

Im nächsten Arbeitsschritt beginnt bereits das Zusammensetzen des „neuen" Quadrokopters. Zuerst sind an die vier Aluminiumprofile die Motoren anzuschrauben. Dann sind die Anschlussleitungen durch den Vierkant zu fädeln. Dazu sind an der Unterseite an beiden Enden Bohrungen vorgesehen. Am gegenüberliegenden Ende sind die beiden Adern mit einer Spitzzange aus dem Inneren des Vierkantprofils herauszuziehen.

Den Aluminiumprofilen liegen Pfropfen bei, die an deren Außenseiten zu stecken sind. Sie sorgen einerseits dafür, dass sich im Inneren bei unsanfteren Landungen kein Schmutz ansammeln kann. Entscheidender ist jedoch, dass diese abgerundeten Pfropfen dem Unfallschutz dienen, da das Modell nun keine scharfen Kanten mehr hat, an denen man sich verletzen könnte.

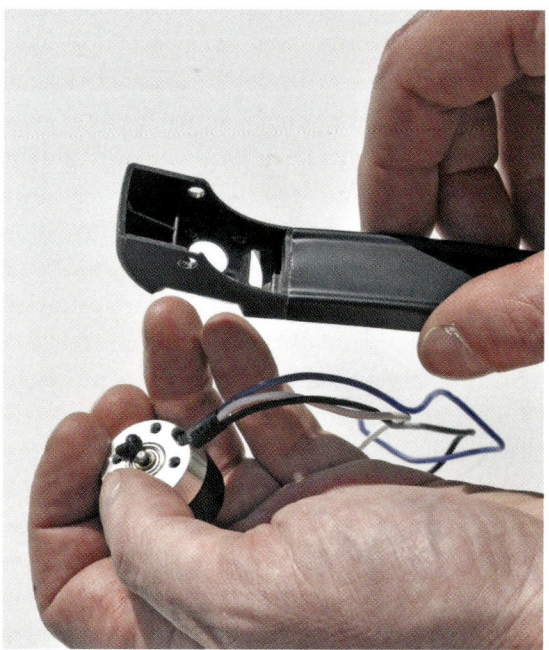

Bild 14.9 – Zuletzt sind die Motoren aus den Auslegern zu entfernen, wozu jeweils vier Schrauben zu lösen sind. Außerdem sind die Motoranschlussleitungen aus den Auslegern zu fädeln.

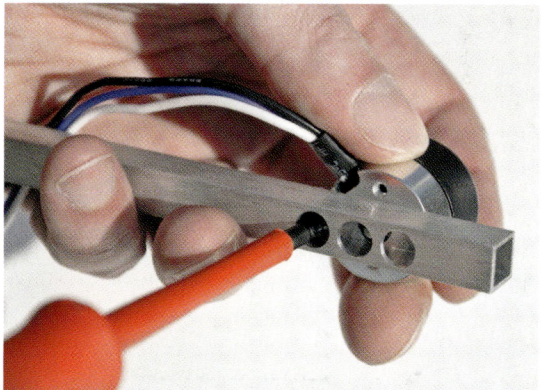

Bild 14.10 – Zuerst sind die Motoren an die vier Aluminiumprofile anzuschrauben.

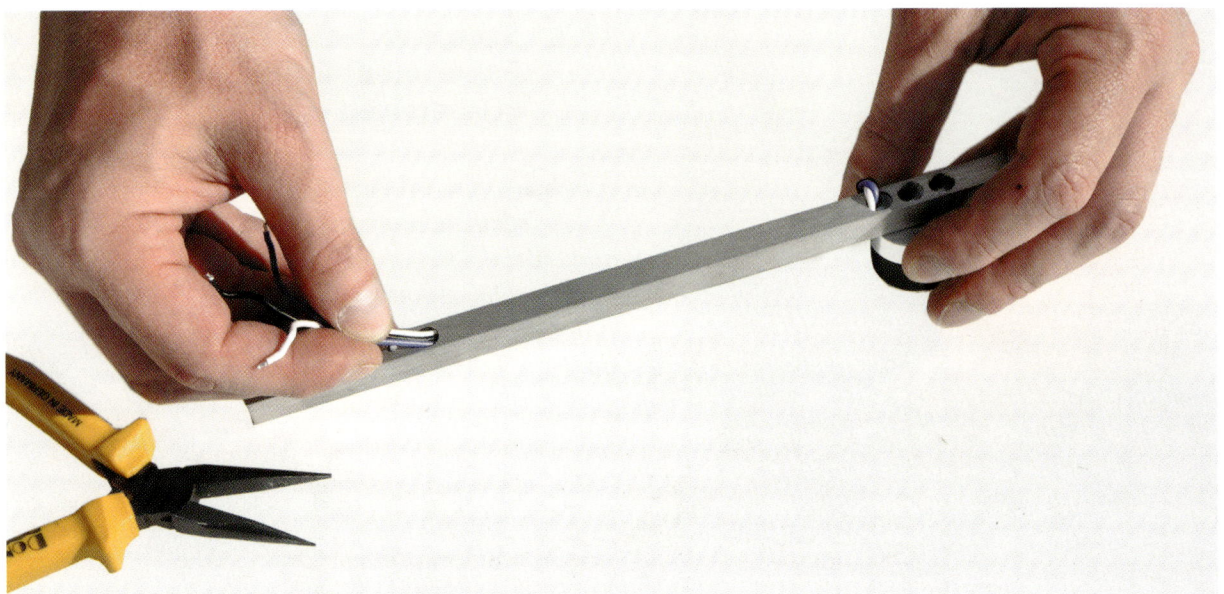

Bild 14.11 – Dann muss man die Anschlussleitungen durch den Vierkant fädeln.

Bild 14.12 – Den Aluminiumprofilen liegen Pfropfen bei, die an deren Außenseite zu stecken sind.

14.3 Schritt 3: Zusammenbauen

Nachdem die vier Aluminiumprofile fertig vorbereitet wurden, geht es an das Zusammenbauen. Zuerst sind die vier Profile zwischen den beiden GFK-Kunststoffplatten einzuspannen und festzuschrauben. Jeder der vier Ausleger ist mit zwei Schrauben einzubauen. Sie sorgen dafür, dass sie wieder einen Winkel von 90° zueinander einnehmen und unverrückbar ihre Position beibehalten. Da der Abstand zwischen beiden Bohrungen groß ist, wird zudem ein sehr stabiler Aufbau erreicht.

Nun ist die bereits zusammengebaute Konstruktion so auf die Arbeitsfläche zu legen, dass die Motoren nach unten sehen. Auf der oberen GFK-Platte ist nun der Unterteil des ursprünglichen Zentralrahmens aufzusetzen. Er wird gemeinsam mit den äußeren Befestigungsschrauben der neuen Aluminiummotorträger an den GFK-Platten mit Muttern befestigt. An den Ecken werden weitere Schrauben durch den Zentralrahmen und die beiden GFK-Platten gesteckt. Damit diese zueinander ihre Position beibehalten, müssen zudem Distanzstücke eingefädelt werden.

Als Nächstes folgt der Einbau der Quadrokopterelektronik. Danach sind die Anschlussdrähte der vier Motoren wieder an den beiden Platinen anzulöten. Dabei gilt es, besonders

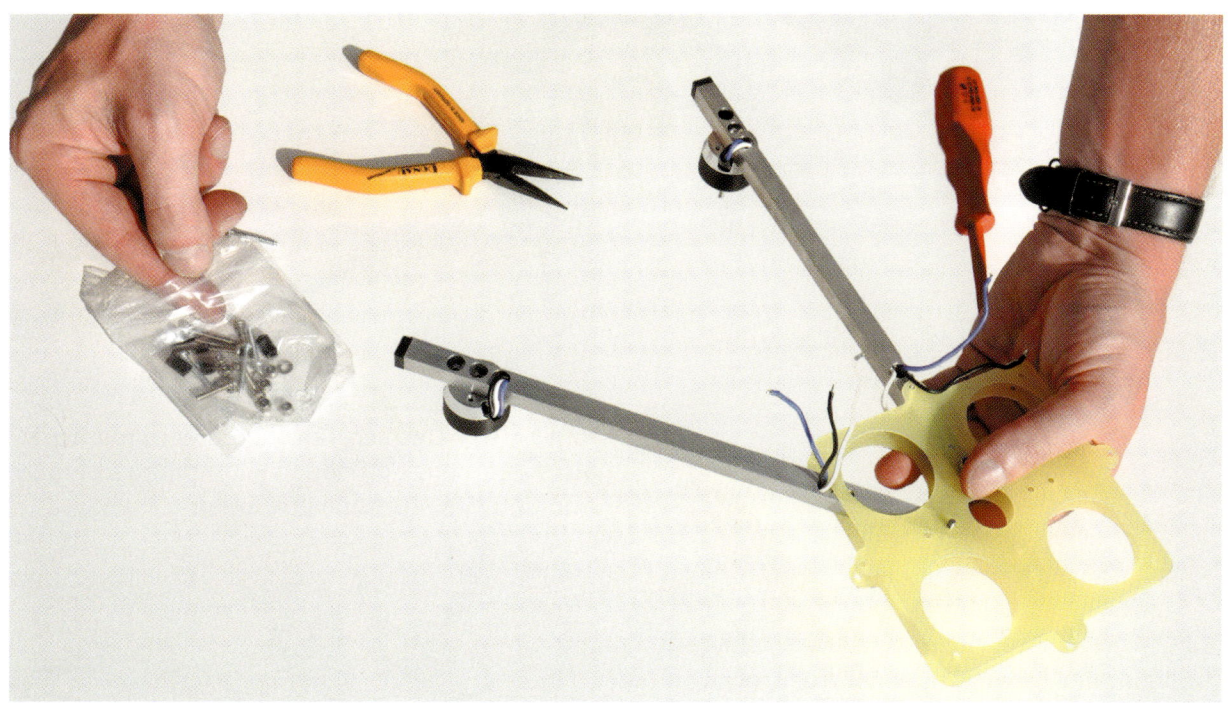

Bild 14.13 – Die vier Profile sind zwischen den beiden GFK-Kunststoffplatten einzuspannen und festzuschrauben.

darauf zu achten, dass die vier Motoren wieder an den gleichen Stellen angelötet werden, an denen sie zuvor ausgelötet wurden. Sollte dies wegen zu kurzer Kabel nicht gelingen, ist der untere Zentralrahmen noch einmal ab- und um 90° versetzt wieder anzuschrauben. Nachdem alle Lötarbeiten ausgeführt wurden, ist der Unterteil des Zentralrahmens aufzusetzen und festzuschrauben. Dabei darf auch auf die Gehäuse-Unterschale nicht vergessen werden. Nun fehlen nur noch die vier Propeller, die auf die Motoren aufzusetzen sind. Da der Quadrokopter nun über keine optische Markierung der Längsachse mehr verfügt, fällt es scheinbar schwer, diese wieder ausfindig zu machen. Hier hilft ein einfacher Trick weiter: Die bei-

den Motoren der Längsachse drehen sich im, die beiden seitlichen gegen den Uhrzeigersinn. Die Längsachse lässt sich demnach leicht eruieren, indem das Modell noch ohne Propeller kurz in Betrieb genommen wird. Bereits mit Einschalten des Standgases erkennt man die Drehrichtungen der Motoren. Damit weiß man nun auch, welche Propeller wo zu montieren sind. Idealerweise kennzeichnet man die Längsachse auch mit einem Isolierband. Wo letztlich vorn und hinten ist, wird sich erst beim ersten Testflug nach abgeschlossener Umbauarbeit herausstellen. Einfacher geht es, wenn man auch auf dieses kleine, aber letztlich sehr wichtige Detail achtet, bevor man den ursprünglichen Quadrokopter zerlegt.

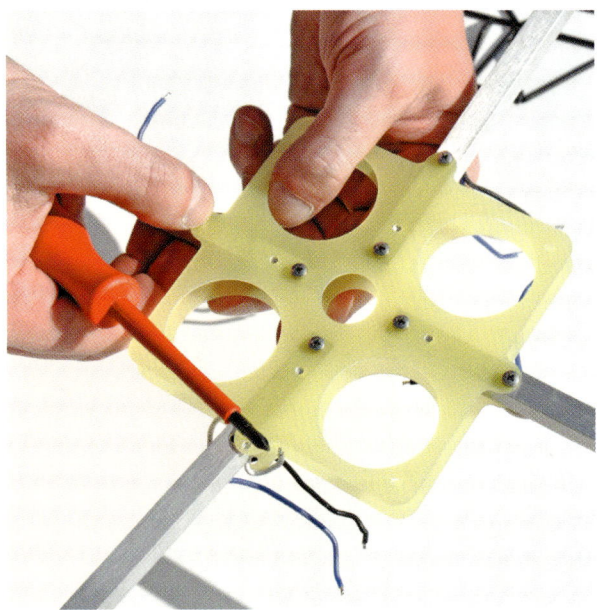

Bild 14.14 – Damit nehmen die vier Ausleger zueinander wieder einen unverrückbaren Winkel von 90° ein.

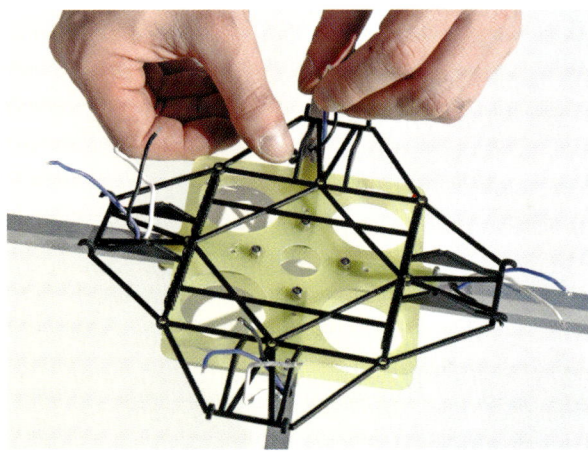

Bild 14.15 – Nun ist die bereits zusammengebaute Konstruktion so auf die Arbeitsfläche zu legen, dass die Motoren nach oben sehen. Auf der oberen GFK-Platte ist nun das Unterteil des ursprünglichen Zentralrahmens aufzusetzen.

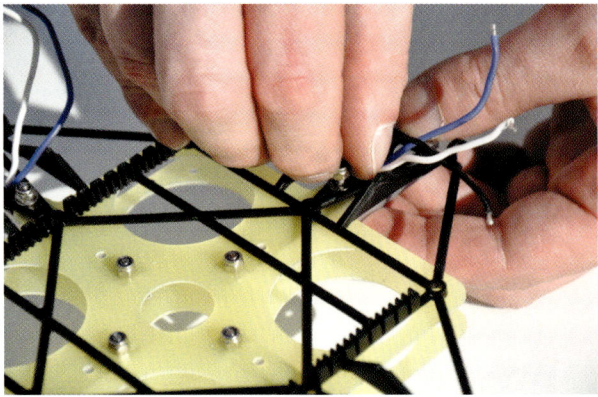

Bild 14.16 – Der Zentralrahmen wird mit acht Schrauben mit den neuen Aluminiumauslegern und den GFK-Platten verbunden.

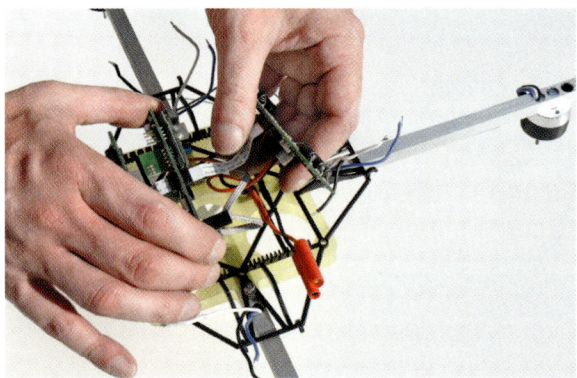

Bild 14.17 – Als Nächstes folgt der Einbau der Quadrokopterelektronik. Dann sind die Anschlussdrähte der vier Motoren wieder an den beiden Platinen anzulöten.

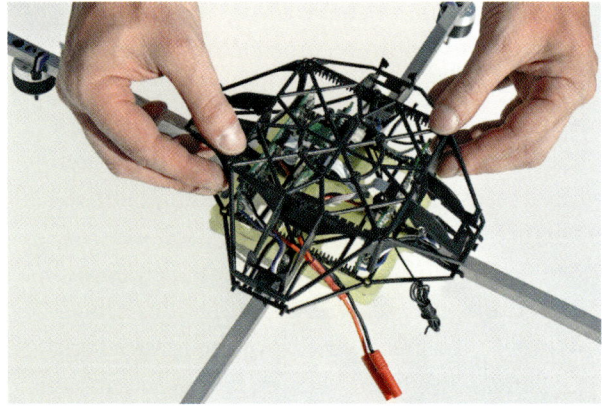

Bild 14.18 – Das Oberteil des Zentralrahmens ist aufzusetzen und anzuschrauben.

Bild 14.19 – Abschließende Schraubenkontrolle

14.4 Stabilisierungsplatte und Co.

Bei der Originalausführung des Quadrokopters war die Stabilisierungsplatte eines der wichtigsten Zubehörteile, da sie die Stabilität des Modells entscheidend verbesserte. Nun hat das Modell allerdings selbst mehr als reichlich Stabilität. Somit wird die Stabilisierungsplatte nicht mehr benötigt. Dass sich der Quadrokopter nun nicht mehr zusammenlegen lässt, ist kein großer Nachteil. Schließlich ist zumindest der Quadrokopter 450 auch im flugfertigen Aufbau nicht groß und findet selbst im kleinsten Kofferraum Platz.

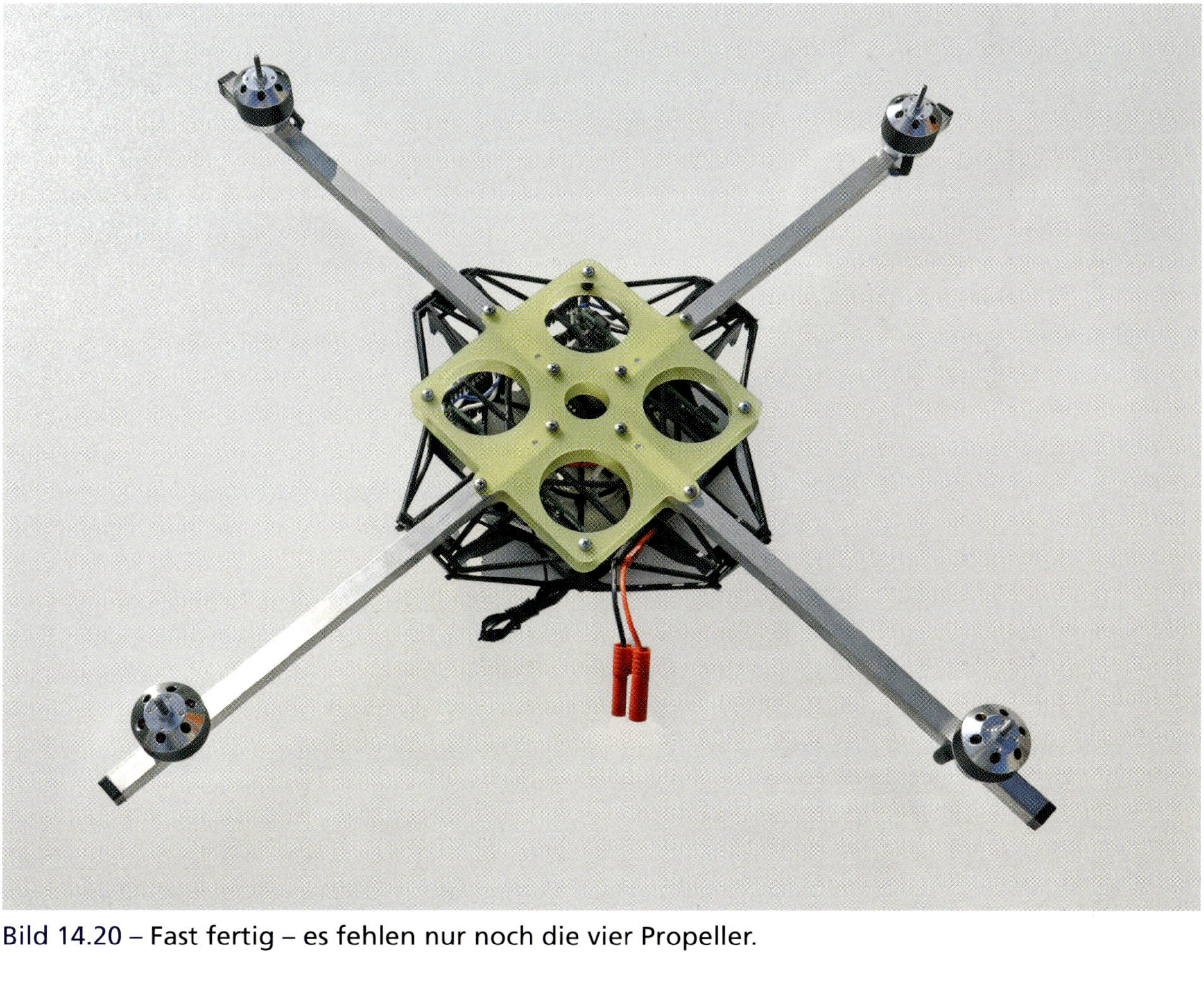

Bild 14.20 – Fast fertig – es fehlen nur noch die vier Propeller.

Bild 14.21 – Fertig umgebauter Quadrokopter.

Der neue Aufbau des Quadrokopters lässt auch keine Montage der oberen Gehäuseabdeckung mehr zu, was ebenfalls kein Verlust ist, denn viele RC-Piloten fliegen ihren Quadrokopter ohnehin ohne obere Abdeckung. Schließlich erfüllt sie keine praktische Funktion – ganz im Gegensatz zur unteren Gehäuseschale, die die Elektronik vor Feuchtigkeit schützt. Wird sie nicht montiert, kann man den Akku schneller tauschen und somit nach seinem Wechsel auch schneller wieder fliegen.

Das Landegestell lässt sich übrigens auch am Quadrokopter mit Experimentalrahmen wieder montieren. Das ist auch dringend zu empfehlen, da der Quadrokopter sonst so gut wie keine Bodenfreiheit mehr hätte, was Landungen besonders im Gras zu einem Risiko werden ließe.

Es stellt sich aber auch die Frage, ob man das originale Landegestell noch braucht. Denn schließlich steckt im Namen „Experimentierrahmen" das Wort „experimentieren". Das lädt dazu ein, eigene Konstruktionen auszuprobieren.

Zuletzt erlaubt der Experimentierrahmen eine Reihe von Versuchen mit unterschiedlichen Aufbauten. Dabei kann es spannend sein, herauszufinden, mit was allem man so fliegen kann.

15 Quadrokopter fliegen lernen

Ein Quadrokopter macht nur Spaß, wenn man ihn auch fliegen kann – und das will gelernt sein. Die folgenden Lektionen helfen Ihnen, Ihren RC-Quadrokopter Schritt für Schritt kennen und beherrschen zu lernen. Die Übungen bauen aufeinander auf und geben Ihnen nicht nur Sicherheit am Steuergerät (Fernbedienung). Sie helfen auch, Schäden am Modell auf ein Minimum zu begrenzen.

Wie bei allem gilt auch hier: Übung macht den Meister. Ein Profipilot ist noch nicht vom Himmel gefallen. Nehmen Sie sich genügend Zeit. Das wird Ihnen helfen, über lange Zeit viel Freude am Quadrokopter zu haben.

15.1 Lektion 1: Heli und Fernsteuerung kennenlernen

Für die ersten Flugversuche im Freien sollte es windstill sein. Das ist besonders bei leichten Modellen wichtig. Der Quadrokopter 450 ARF wiegt inklusive Akku nur an die 690 g. Selbst der größere Quadrokopter 650 ARF ist mit rund 1.100 g nicht sehr viel schwerer.

Stellen Sie den Quadrokopter in Windrichtung so vor sich auf, dass Sie auf die Rückseite der Längsachse des Modells sehen. (Die Vorderseite der die Flugrichtung vorgebenden

Bild 15.1 – Fliegen will gelernt sein.

Bild 15.2 –
Stellen Sie den
Quadrokopter
so vor sich auf,
dass Sie ihn
von hinten
sehen. Die mit
einer roten
Kunststoff-
fahne markierte
Vorderseite
zeigt dabei von
Ihnen weg.

Bild 15.3 – In der ersten Übung geht es darum, den Quadrokopter während der Startphase unter Kontrolle zu halten.

Längsachse ist am Landegestell mit einer roten Kunststofffahne markiert.) Die Distanz zwischen Ihnen und dem Fluggerät sollte rund 4 m betragen. Achten Sie darauf, dass der Gassteuerknüppel mittig am unteren Anschlag ist. Mit ihm regeln Sie die Drehzahl des Rotors. Er ist mit dem Gaspedal des Autos vergleichbar. Geben Sie nun langsam und vorsichtig Gas, indem Sie den Knüppel behutsam von sich wegdrücken. Während geringer Drehzahlen wird der Quadrokopter noch am Boden stehen bleiben. Erhöhen Sie nun das Gas, bis das RC-Modell zu schwimmen beginnt (unmittelbar vor dem Abheben ist).

Richten Sie zuerst Ihre Aufmerksamkeit auf das Vorderteil des Quadrokopters. Versuchen Sie, es im Wind zu halten. Sobald sich der Quadrokopter in eine Richtung zu neigen beginnt, nehmen Sie das Gas langsam wieder zurück. Die Ursache für das Neigen liegt in der Regel in der noch ungenügenden Trimmung. Darunter ist die Feinjustage der einzelnen Knüppelbewegungen zu verstehen. In Neutrallage sollte das RC-Modell weder kippen noch eine Seitwärtsbewegung ausführen wollen, ansonsten sind diese Driftbewegungen mit den Schiebereglern an den Rändern der beiden Knüppel zu unterbinden.

Mit der Zeit gelingt es Ihnen, den Quadrokopter unmittelbar vor dem Abheben so in Position zu halten, dass er nicht sofort nach dem Abheben ungewollt in eine Richtung wegdriftet.

15.2 Lektion 2: Erste Schwebeversuche

Haben Sie den Quadrokopter richtig getrimmt, wird er zumindest anfangs seine Position beibehalten. Sobald Sie den Stillstand am Boden beherrschen, können Sie sich an die ersten richtigen Flugversuche wagen. Stellen Sie dazu ihr Fluggerät wieder so vor sich auf, dass die Vorderseite der rot markierten Längsachse von Ihnen wegzeigt.

Geben Sie nun etwas mehr Gas, sodass der Quadrokopter abhebt und in rund 20 cm bis 30 cm über dem Boden schwebt. Dabei wird er versuchen, in eine Richtung wegzudriften. Reagieren Sie sofort darauf, indem Sie entgegensteuern. Während dieser ersten Schwebeversuche werden Sie die Korrekturbefehle noch verzögert ausführen. Deshalb ist es gut, wenn der Quadrokopter in alle Richtungen ausreichend Platz hat.

Achten Sie stets darauf, dass sich der Quadrokopter während der ersten Schwebeversuche nicht verdreht und Sie ihn zu jeder Zeit von hinten sehen. Versuchen Sie sich in dieser frühen Lernphase weder im Kurvenfliegen noch darin, das Modell so vor sich aufzustellen, dass seine Vorderseite zu Ihnen zeigt.

Lenken Sie die Steuerknüppel nur geringfügig aus und geben Sie so nur kleine Korrekturbefehle. Sie werden erstaunt sein, wie sehr der Quadrokopter selbst auf kleine Steuerimpulse reagiert. Bereits kurze Ausschläge führen zu den gewünschten Reaktionen. Bei zu ausgeprägten Steuerbefehlen würde das RC-Modell überreagieren und in bedenkliche Positionen geraten, die Sie vermutlich nicht mehr beherrschen würden.

Versuchen Sie, den Quadrokopter in der Luft möglichst an einem Ort zu halten. Beginnt er erst einmal zu wandern, wird es sehr viel schwieriger, ihn wieder „einzufangen". Während Sie für das Schweben im Stillstand nur sehr feinfühlige Steuerbefehle geben müssen, bedarf es schon beherzter Ausschläge, um ein ausgebrochenes Fluggerät wieder unter Kontrolle zu bringen.

Bild 15.4 – Während der ersten Schwebeversuche sollte man nur knapp über dem Boden fliegen. Das erleichtert das Landen und hilft im Ernstfall, größere Schäden zu vermeiden.

Fühlen Sie sich einer Situation nicht gewachsen, versuchen Sie, den Quadrokopter durch langsames Zurücknehmen des Gashebels sicher zu landen und wagen Sie einen erneuten Versuch. Je intensiver Sie üben, umso besser wird es Ihnen gelingen, das Modell an seinem Platz zu halten. So bekommen Sie mehr Sicherheit, beginnende Driftbewegungen rechtzeitig abzufangen.

15.3 Lektion 3: Kontrolliert landen

Versuchen Sie, während der 2. Lektion immer wieder kontrolliert zu landen. Während das Abheben zu den leichtesten Vorgängen des Quadrokopterfliegens zählt, ist das Landen umso anspruchsvoller. Besonders

Bild 15.5 – Während der gesamten Übungsphase sollte man den Hubschrauber von hinten sehen.

Bild 15.6 – Durch Geben von Nick entgegen der Flugrichtung lässt sich die Geschwindigkeit des Quadrokopters abbremsen.

während Ihrer ersten Flugversuche werden Sie erleben, wie schnell das Modell an Fahrt gewinnt – egal, ob nach vorn, zurück oder zur Seite –, ohne dass Sie das wirklich wollen. Es unter solchen Voraussetzungen wieder sicher zu landen, ist alles andere als leicht. Der Quadrokopter lässt sich so zwar bis zum Boden bringen, berührt aber nur mit einem oder zwei Landebeinen den Boden. Dabei wird seine Vorwärtsbewegung jäh abgebremst. Wegen seiner Masseträgheit wird er jedoch versuchen, seine ursprüngliche Bewegung weiter auszuführen, wobei er kippen kann und die Rotorblätter mit hoher Wahrscheinlichkeit Schaden nehmen.

Fluggeräte verfügen über keine klassische Bremse. Geschwindigkeiten und Flugrichtungen können Sie aber reduzieren, in dem Sie der ursprünglichen Bewegungsrichtung entgegenwirken.

Während des Vorwärtsflugs ist der vordere Propellerarm etwas nach unten gedrückt, was Sie mit der Nickfunktion des rechten Steuerknüppels erreichen. Um die Geschwindigkeit zu reduzieren, ist die Nickfunktion mit dem rechten Steuerknüppel etwas zurücknehmen. Dazu bewegen Sie den Hebel etwas zu sich hin. Damit ist das Fluggerät nicht mehr schräg nach vorn geneigt, sondern waagrecht oder sogar geringfügig nach schräg rückwärts. Gilt es, eine Seitwärtsbewegung abzubremsen, ist mit der Rollfunktion entgegenzuwirken.

So lässt sich die Geschwindigkeit bereits während des Landeanflugs relativ leicht drosseln. Setzen Sie langsam zur Landung an, indem Sie die Rotordrehzahl, mit der Sie den Steig- und Sinkflug regeln, langsam reduzieren. Klappt das Bremsmanöver nicht wie vorgesehen, und ein möglicher Crash lässt sich voraussehen, haben Sie so noch Zeit genug, die Landung abzubrechen. Geben Sie hierzu mit dem Pitchregler wieder mehr Gas, indem Sie den Steuerknüppel nach oben drücken. Damit nimmt der Quadrokopter wieder an Flughöhe auf. Anschließend können Sie den nächsten Landeversuch starten.

15.4 Lektion 4: An Höhe gewinnen

Nachdem Sie gelernt haben, den Hubschrauber knapp über dem Boden schweben zu lassen, versuchen Sie sich nun in größeren Höhen. Stellen Sie auch für diesen Versuch den Quadrokopter so vor sich auf, dass das vordere Landebein mit der roten Markierung von Ihnen weg zeigt. Fliegen Sie auch bei dieser Übung das Modell so, dass es seine Lage in der

Luft stets beibehält und sich nicht dreht. Nur so sind Sie sicher, dass z. B. ein Knüppelausschlag nach rechts auch eine Rechtsbewegung des Quadrokopters nach sich zieht.

Steuern Sie in dieser Lektion zunächst eine Höhe von rund einem halben Meter an und versuchen Sie, den Quadrokopter für mindestens 30 Sekunden in Position zu halten. Danach landen Sie wieder. Versuchen Sie sich darin so oft, bis sie sich dabei absolut sicher fühlen. So sammeln Sie wichtige Erfahrungen, wie Sie am sichersten abheben, schweben und wieder landen.

Peilen Sie in weiteren Versuchen etwas größere Höhen von rund einem bis anderthalb Metern an. Lassen Sie auch hier den Quadrokopter ruhig schweben. Beginnt er zu driften, reduzieren Sie das Gas (Pitch) behutsam, sonst nimmt das Modell immer mehr an Geschwindigkeit auf. Ein Crash wäre die meist unausweichliche Folge.

Bild 15.7 – Mit zunehmender Sicherheit können Sie Schwebeversuche auch in größeren Höhen wagen. Fliegen Sie dabei stets so, dass Sie auf die Rückseite des Quadrokopters sehen.

Jenseits von einem Meter Höhe lässt sich der Quadrokopter spürbar leichter ruhig in der Luft halten, denn hier macht sich der sogenannte Bodeneffekt nicht mehr bemerkbar. Das ist ein Luftpolster in Bodennähe, auf dem man regelrecht schwimmt, was ein vergleichsweise unruhiges Flugverhalten nach sich zieht. In größeren Höhen ist es alles andere als leicht, den Quadrokopter ruhig auf einem Punkt schweben zu lassen. Versuchen Sie auch hier, seiner Bewegungen Herr zu werden, und verhindern Sie, dass das RC-Modell zu viel an Fahrt aufnimmt.

Trainieren Sie diese Schwebeübungen so lange, bis Sie sich darin absolut sicher fühlen. Erst dann sollten Sie sich mit den nächsten Schritten beschäftigen. Wir raten dringend davon ab, schon jetzt mit Rundflügen zu beginnen. Sie würden dabei schneller in kritische Situationen kommen, als Sie sich träumen lassen.

15.5 Lektion 5: Rollen im Schwebflug

Inzwischen sind Sie in der Lage, Ihren Quadrokopter in verschiedenen Höhen stabil in der Luft zu halten. Bei dieser Lektion versuchen Sie erstmals, das Modell kontrolliert aus seiner Ruheposition langsam nach links und rechts fliegen zu lassen, wobei Sie die Flugrichtung des Modells stets beibehalten. So können Sie sich das Umdenken noch sparen, das vonnöten ist, um zu wissen, in welche Richtung Sie die Hebel auslenken müssen, wollen Sie in eine bestimmte Richtung fliegen.

Steuern Sie den Quadrokopter mit der Roll-Funktion, indem Sie den rechten Steuerknüppel seitwärts auslenken. Erfolgt diese Auslenkung behutsam, stellt sich das Fluggerät leicht schräg um seine Längsachse und driftet seitwärts ab. Versuchen Sie, während dem Zur-

Bild 15.8 – Zum gewollten seitlichen Abdriften ist die Roll-Funktion mit dem rechten Steuerknüppel auszuführen.

seitedriften das Modell stets auf einer gleichmäßigen Flughöhe zu halten. Geben Sie die Roll-Befehle mit den Steuerknüppeln so feinfühlig, dass sich der Quadrokopter nur leicht entlang seiner Längsachse neigt. Dazu sind nur sehr kleine Ausschläge des Steuerknüppels aus seiner Mittelstellung erforderlich. Bei zu starker Auslenkung des Roll-Hebels würde das Modell nicht nur bedenklich zur Seite kippen, sondern dabei schnell auch an Flughöhe verlieren.

Es genügt, kurze Roll-Befehle zu geben. Dazu lenken Sie den Hebel nur kurz in die gewünschte Richtung aus und lassen ihn wieder zur Mittelstellung zurückfedern. Dabei werden Sie merken, dass bereits sehr kurze Impulse genügen, um das Modell so weit seitlich fliegen zu lassen, wie Sie es wollten.

15.6 Lektion 6: Nick-Bewegung im Schwebflug

Bei dieser Lektion kombinieren Sie den Schwebeflug mit der Nick-Funktion. Sie bewirkt, dass der Quadrokopter unter Beibehaltung seiner Fluglage abwechselnd vor- und zurückfliegt. Dazu nutzen Sie die Nick-Funktion des rechten Steuerknüppels. Für den Vorwärtsflug ist er etwas nach oben, für den Rückwärtsflug geringfügig nach unten aus seiner neutralen Mittelstellung auszulenken. Sie müssen hier genauso feinfühlig vorgehen wie beim seitlichen Driften, also Rollen. Auch für das Nicken sind nur sehr feinfühlige Befehle erforderlich. Würden Sie den Knüppel bis zum vorderen oder hinteren Endausschlag auslenken, würde das Fluggerät zwar schnell

Bild 15.9 – Mit der Nick-Funktion kann man den Quadrokopter vor- und zurückfliegen lassen.

Fahrt aufnehmen, sich aber auch sehr weit nach unten neigen und kontinuierlich an Höhe verlieren. Das könnten Sie selbst durch Geben von Vollgas nicht mehr ausgleichen. Eine Bruchlandung wäre die unausweichliche Folge.

Bereits kleinste Auslenkungen in Nick-Ebene des Steuerknüppels genügen zum Erreichen der gewünschten Flugrichtung. Dabei nimmt der Quadrokopter nur langsam Geschwindigkeit auf und bleibt leichter kontrollierbar.

Bereits bei geringer Nick-Auslenkung zieht der Quadrokopter nach unten. Zum Ausgleichen des Höhenverlusts ist deshalb etwas Pitch zu geben (linker Hebel). Man kann hier von einer „sanften Ausgleichsbewegung" sprechen.

Stellen Sie den Quadrokopter vor dem Start ausreichend weit von sich weg, um einen Schutzabstand von 4 m auch dann zu gewährleisten, wenn Sie das Modell rückwärts fliegen. Vermeiden Sie dabei, den Quadrokopter direkt auf sich zufliegen zu lassen. Kommt er Ihnen zu nahe, können Fehlbedienungen zu ernst-

haften Verletzungen führen. Am sichersten ist es, wenn Sie das Modell seitlich mit ausreichendem Abstand vor- und zurückfliegen lassen. Versuchen Sie die Nick-Lektion an der linken und rechten Seite.

15.7 Lektion 7: Nick und Roll kombinieren

Fühlen Sie sich beim Geben von Nick oder Roll schon sattelfest, versuchen Sie, beides zu kombinieren. Dabei können Sie mit dem Hubschrauber ein gedachtes Rechteck abfliegen. Rollen Sie zunächst den Heli von rechts nach links. Fliegen Sie ihn dann mit Nick zu einem weiteren gedachten Punkt nach vorn. Rollen Sie ihn anschließend nach rechts zurück und geben Sie abschließend einen Nick-Befehl zurück, womit Sie wieder zur ursprünglichen Ausgangsposition zurückkehren. Achten Sie immer darauf, dass Sie stets die Rückseite

Bild 15.10 – Zum Abfliegen eines Rechtecks sind Nick und Roll zu kombinieren, aber dennoch nicht gleichzeitig zu geben. Zusätzlich ist auf die Einhaltung der Höhe zu achten, die mit Pitch korrigiert wird.

des Quadrokopters sehen. Das rot markierte Landebein muss dabei stets nach vorn zeigen. Versuchen Sie, dieses Rechteck zuerst im Uhrzeigersinn zu fliegen. Fühlen Sie sich darin sicher, probieren Sie es auch gegen den Uhrzeigersinn. Diese Lektion hört sich zwar einfach an, hat es aber in sich. Sie müssen sich dabei nicht nur auf das richtige Geben von Nick und Roll mit dem rechten Steuerknüppel konzentrieren, sondern auch darauf achten, dass Sie die Flughöhe beibehalten, die Sie mit der Pitch-Funktion des linken Knüppels nachregeln. Sie haben also stets beide Knüppel zu bewegen. Die Auslenkungen aus ihrer Neutrallage sind dabei aber stets nur gering.

15.8 Lektion 8: Seitwärts schweben

Nun sollten Sie Ihren Quadrokopter bereits gut beherrschen und ihn sicher steuern können, sofern Sie ihn ausschließlich von hinten sehen. Versuchen Sie nun, Ihr Modell aus einer anderen Sichtweise kontrolliert schweben zu lassen. Dazu stellen Sie es so vor sich auf, dass Sie es von der Seite sehen. Die Herausforderung dieser Lektion liegt im Umdenken, wie Nick und Roll zu geben sind, um den Hubschrauber an seinem Platz zu halten. Mit der Nick-Funktion bewegen Sie nun das Modell nach links oder rechts und mit Roll vor oder zurück.

Bild 15.11 – Das Schwebenlassen seitwärts fordert erstmals ein Umdenken. Nick und Roll sind nun sozusagen „verkehrt" zu geben.

Versuchen Sie auch unter diesen neuen Gegebenheiten, den Quadrokopter ruhig in der Luft schweben zu lassen. Probieren Sie auch, das Modell langsam vor- und zurückfliegen zu lassen, indem Sie die Nick-Funktion einsetzen. Anschließend machen Sie sich mit der Roll-Funktion vertraut, indem Sie das Modell seitwärts von seiner Ausgangsposition abwechselnd in beide Richtungen auslenken.

15.9 Lektion 9: Eine „8" fliegen

Bei dieser Übung kombinieren Sie erstmals alle bislang erlernten Fertigkeiten und perfektionieren sie. Bei der ersten Variante des 8er-Flugs sollte der Quadrokopter stets in die gleiche Richtung ausgerichtet bleiben und von

Ihnen weg nach vorn sehen (rote Markierung). Indem Sie Nick und Roll kombinieren, versuchen Sie nun, langsam eine große 8 abzufliegen. Vergessen Sie dabei nicht, auch stets Pitch entsprechend nachzuregeln, um die Flughöhe beizubehalten.

Während Ihrer ersten Versuche werden Sie Mühe haben, auch nur annähernd die Form einer 8 abzufliegen. Um sich dem Ideal schrittweise zu nähern, beginnen Sie mit einer „eckigen 8". Sie setzt sich aus einem im Uhrzeigersinn und einem anschließenden gegen den Uhrzeigersinn zu fliegenden Quadrat zusammen. Danach können Sie sich mehr und mehr dem runden Ideal nähern. Sind Sie sich während des Flugs mal nicht über die folgenden Bewegungsabläufe im Klaren, können Sie jederzeit einen kurzen Stand-Schwebeflug einlegen. So gewinnen Sie Zeit, die nächs-

Bild 15.12 – Während der ersten 8er-Flugversuche sollte der Quadrokopter stets nach vorn ausgerichtet bleiben.

ten zu gebenden Befehle zu überdenken und anschließend den 8er-Flug fortzusetzen. Je öfter Sie die Figur üben, desto besser wird sie Ihnen gelingen.

15.11 Lektion 10: 8er-Flug in Vorwärtsrichtung

Versuchen Sie bei dieser Lektion, den 8er-Flug zu perfektionieren. Das setzt aber voraus, dass Sie den in Lektion 9 beschriebenen 8er-Flug bereits gut beherrschen.

Neben Nick und Roll, die Sie mit dem rechten Steuerknüppel geben, lenken Sie nun zusätzlich auch den linken Hebel seitwärts aus, womit Sie Gier steuern. Damit dreht sich der Quadrokopter um die Hochachse und lässt sich in die jeweilige Flugrichtung ausrichten.

Damit lassen Sie das Modell genau genommen nicht mehr nur nach vorn oder zurück und zur Seite fliegen, sondern befinden sich nun im echten Vorwärtsflug. Dabei fliegt es erstmals auch vorwärts auf Sie zu. Um Gefahren vorzubeugen, berücksichtigen Sie einen ausreichenden Sicherheitsabstand von mindestens 4 m.

Achten Sie während der Übung auf nicht zu hohe Geschwindigkeiten. Vor allem während der ersten Versuche sind Sie mit Schrittgeschwindigkeit gut beraten. Mit zunehmender Perfektion können Sie auch etwas schneller fliegen. Je sicherer Sie sich fühlen, desto weiter können Sie die Figur vergrößern. Achten Sie dabei stets auf ausreichende Sicherheitsabstände. Nun können Sie auch die Vorwärtsgeschwindigkeit erhöhen, indem Sie den Pitch erhöhen und den Quadrokopter mit Nick nach vorn neigen.

Bild 15.13 – Achten Sie darauf, dass sich der Quadrokopter nicht zu weit von Ihnen entfernt.

Bild 15.14 – Beim 8er-Flug in Vorwärtsrichtung zeigt die rote Markierung am vorderen Landefuß der Längsachse stets in die Flugrichtung.

15.12 Lektion 11: Kurven und Kreise fliegen

Bringen Sie das Modell zunächst in einer Höhe von rund 1,5 m in den Schwebeflug. Geben Sie nun durch leichtes Hochdrücken des rechten Steuerknüppels einen kurzen Nick-Impuls in Vorwärtsrichtung. Dabei dürfen Sie den Nick-Hebel keinesfalls kontinuierlich betätigen, da sich sonst der Quadrokopter immer stärker nach vorn neigen würde. Mit dem abgesetzten Nick-Impuls beginnt das Modell nun, sich nach vorn zu bewegen. Achten Sie dabei auf die Geschwindigkeit, die es aufnimmt. Wird sie zu hoch, reduzieren Sie sie mit einem kurzen Nick-Impuls rückwärts. Dazu drücken Sie den rechten Knüppel kurzzeitig etwas nach unten.

Für diese Übung sollten Sie nur etwa in Schrittgeschwindigkeit vorwärts fliegen. Das erleichtert, die Kontrolle über den Quadrokopter zu behalten. Bremsen Sie ihn keinesfalls so stark ab, dass er zum Stillstand kommt. Da man den Quadrokopter aufgrund seines symmetrischen Aufbaus aus größerer Entfernung mitunter etwas schlecht erkennt, kann ein in größerer Entfernung durchgeführter Schwebeflug seine Tücken haben. Achten Sie deshalb darauf, nicht zu große Distanz zwischen sich und das Modell zu legen.

Nur in eine Richtung zu fliegen ist jedoch langweilig. Es würde zudem auch nicht funktionieren, da Sie dabei das Modell irgendwann nicht mehr erkennen würden. Gut lässt es sich nur fliegen, solange man es am Himmel gut erkennen kann.

Bild 15.15 – Kurvenfliegen erfordert Übung.

Der Kurvenflug des Quadrokopters unterscheidet sich von dem eines normalen Hubschraubers. Den Quadrokopter drehen Sie mit der Gier-Funktion quasi nur in die gewünschte Flugrichtung. Sie führen sie durch seitliches Auslenken des linken Steuerknüppels aus. Beginnen Sie die erste Kurve im oder gegen den Uhrzeigersinn – in die Richtung, in der Sie sich

sicherer fühlen. Für den Vorwärtsflug geben Sie zunächst leichte Nick-Befehle mit dem rechten Knüppel, den Sie etwas nach oben (oder von sich weg) auslenken. Damit fliegt das Modell geradeaus. Geben Sie nun mit kleinen Steuerknüppelausschlägen immer wieder kurze Gier-Befehle. Dabei dreht sich das Modell etwas in der Luft und ändert damit seine Flugrichtung. Auf diese Weise werden Sie anfangs nur „eckige" Kurven oder, besser gesagt, Vielecke fliegen. Durch koordinierte Abstimmung aller Knüppelbewegungen werden Sie aber nach und nach zum schönen runden Kurvenflug übergehen. Das ist lediglich Übungssache.

Achten Sie während des Kurvenflugs auch stets auf die Flughöhe und korrigieren Sie diese nach, denn allein durch Geben des Nick-Befehls verringert sich die Flughöhe. Der Höhenverlust wird sich insgesamt, zumindest beim Langsamflug, in Grenzen halten. Wirken Sie der Höhenverringerung entgegen, indem Sie die Vorderseite durch Zurücknehmen von Nick etwas hochziehen. Achten Sie dabei darauf, dass Sie das Modell in seiner Vorwärtsbewegung nicht zu stark abbremsen. Sollten Sie damit anfangs nicht zurechtkommen und der Quadrokopter droht abzustürzen, sollten Sie schnell Pitch (Gas) erhöhen. Damit gewinnt der Quadrokopter wieder an Höhe und der

Bild 15.16 – Sieht man das Modell von vorn, ist gegensinniges Lenken gefordert.

Unfall ist verhindert. Anschließend können Sie den Kurvenflug wieder fortsetzen.

15.13 Lektion 12: Quadrokopter von vorn kennenlernen

Bisher haben Sie den Quadrokopter während ihrer Flugübungen fast ausschließlich von seiner Rückseite gesehen. Damit führte er Bewegungen in die Richtung aus, in die Sie die Steuerknüppel auslenkten.

Für die nächste Übung stellen Sie den Quadrokopter so vor sich auf, dass Sie ihn von vorn sehen, wobei der Landefuß mit der roten Kunststofffahne zu Ihnen zeigt. Versuchen Sie nun, das Modell in den Schwebeflug zu bringen und es ruhig in der Luft zu halten. Dabei müssen Sie sämtliche Korrekturbefehle, die Sie mit Gier und Roll geben, seitenverkehrt ausführen. Ein Auslenken des Fernsteuerknüppels nach links führt so zu einer Bewegung des Quadrokopters nach rechts.

Dazu eine kleine Gedankenhilfe: Nachdem der Quadrokopter abgehoben ist, wird er wahrscheinlich zu einer Seite ausbrechen. Um ihn wieder „einzufangen", müssen Sie den Roll-Knüppel in die Richtung drücken, in die sich auch das Modell bewegt. Vom Prinzip her sollte die Übung sofort gelingen. Zum Erlangen der erforderlichen gegensinnigen Feinmechanik werden jedoch mehrere Übungsflüge vonnöten sein.

Wenn Sie die bisherigen Übungen gut beherrschen, sind Sie bereits in der Lage, einfache Flüge mit dem Quadrokopter auszuführen und schwierige Situationen zu meistern. Verfeinern Sie aber Ihr Können weiterhin, indem Sie zumindest die für Sie schwierigeren Lektionen immer wieder üben.

15.14 Lektion 13: Um den Piloten im Kreis fliegen

Wir kommen nun zu Übungen für Fortgeschrittene. Sie helfen Ihnen, den Quadrokopter in allen Fluglagen zu beherrschen und auch schwierigere Manöver zu fliegen.

Um die Fertigkeiten bei der Steuerung des Quadrokopters weiter zu verfeinern, widmen wir uns noch einmal dem Imkreisfliegen. Dabei perfektionieren Sie den feinfühligen kombinierten Einsatz aller Steuerknüppelfunktionen, also Pitch, Gier, Nick und Roll.

Versuchen Sie, den Quadrokopter um sich herum im Kreis fliegen zu lassen, wobei Sie darauf achten, dass das Heck und die Quadrokopterlängsachse stets zu Ihnen zeigen. Der Landefuß mit der roten Fahne zeigt demnach stets von Ihnen weg.

Während der Quadrokopter einen weiten Kreis um Sie beschreibt, drehen Sie sich auf der Stelle mit. So sehen Sie ihn immer von der gleichen Position, nämlich von hinten. Versuchen Sie so, Kreise im und gegen den Uhrzeigersinn zu fliegen. Anschließend drehen Sie den Quadrokopter um 180°, sodass seine Vorderseite Ihnen zugewandt ist. Die rote Tafel ist demnach auf dem auf Sie zeigenden Landefuß montiert. Versuchen Sie sich auch darin, Kreise im und gegen den Uhrzeigersinn zu fliegen. Bis jetzt haben Sie den Kreisflug absolviert, indem Sie das Modell seitlich ausgelenkt haben. Versuchen Sie nun den Kreisflug in Vorwärtsrichtung, den Sie ebenfalls in beide Richtungen absolvieren. Nachdem Sie den Quadrokopter jetzt von der Seite sehen, müssen Sie für Nick, Roll und Gier abermals umdenken.

Sollte eine Situation eintreten, der Sie sich nicht gewachsen fühlen, steuern Sie das Heck um 90°, sodass es zu Ihnen gerichtet ist. Nachdem Ihnen diese Position von den vor-

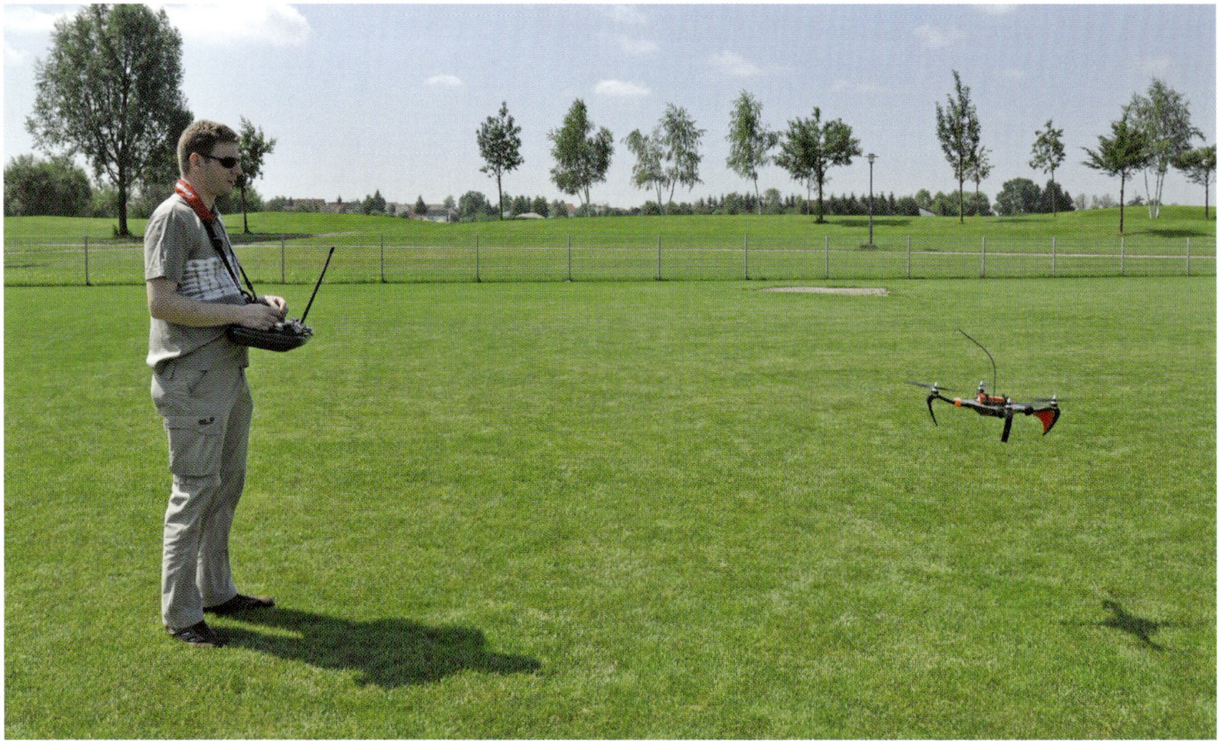

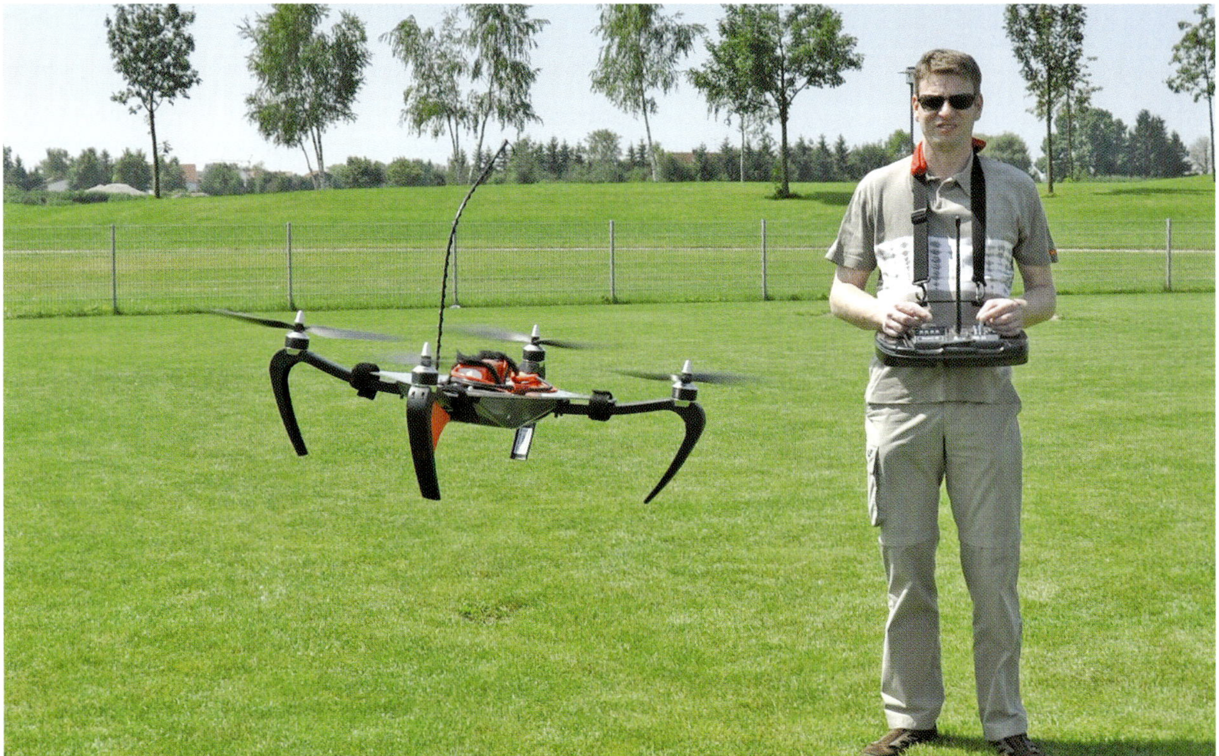

Bild 15.17 bis 19 – Lassen Sie den Quadrokopter um sich herum fliegen, wobei er mit seinem Heck stets zu Ihnen gerichtet bleibt. Anschließend versuchen Sie den Kreisflug mit zu Ihnen zeigender Nase. Führen Sie den Kreisflug danach in Vorwärtsrichtung aus.

angegangenen Schwebeflugübungen bereits bekannt ist, sollte es Ihnen nicht schwerfallen, aus dem Schwebeflug wieder den Kurvenflug aufzunehmen.

Wenn Sie den Quadrokopter so weit beherrschen, dass Sie mehrere Kreise, in gleicher Höhe und möglichst gleichem Abstand zu sich fliegen, können Sie als Nächstes den Kurvenflug in Rückwärtsrichtung ausprobieren.

15.15 Lektion 14: Schwebflug im Gehen

Diese Lektion ist eine fortgeschrittene Variante der Lektionen 2 und 4. Dabei versuchen Sie, den Quadrokopter vor sich in den Schwebeflug bringen und ihn ruhig in der Luft zu halten. Mit beiden Steuerknüppeln führen Sie die entsprechenden Ausgleichsbewegungen durch.

Nachdem Sie Ihren Quadrokopter in der Luft in Position gebracht haben, beginnen Sie, langsam einen Kreis rund um das fliegende Modell zu gehen. Dabei versuchen Sie, den Quadrokopter in Position zu halten. Die Herausforderung dieser Übung besteht darin, dass Sie ihn ständig von einer anderen Position aus sehen – also nicht nur von hinten, sondern auch von der Seite und von vorn. Damit ändert sich zu jedem Zeitpunkt die Art, in der Sie die Steuerbefehle geben müssen, um das Modell im Stillstand schweben zu lassen. Stehen Sie beispielsweise vor ihm, führt es eine Rechtsbewegung aus, wenn Sie die Steuerknüppel nach links auslenken. Stehen Sie hinter ihm, würde er bei der gleichen Knüppelauslenkung nach rechts fliegen. Sehen Sie ihn stattdessen von der Seite, würde die gleiche Knüppelbewegung scheinbar einen Vor- oder Rückwärtsflug bewirken.

Lassen Sie sich bei dieser Übung Zeit und versuchen Sie anfangs, den Quadrokopter aus Positionen nahe der Ausgangsposition zu

Bild 15.20 – Diese Übung stellt bereits eine echte Herausforderung dar. Nachdem Sie den Quadrokopter in den Schwebeflug gebracht haben, gehen Sie um ihn herum, ohne seine Lage in der Luft zu verändern.

Bild 15.21 – Dabei lernen Sie, wie Sie das Modell, aus verschiedenen Blickwinkeln betrachtet, stets richtig steuern.

beherrschen. Bewegen Sie sich erst dann ein Stück weiter. Auf diese Weise bekommen Sie am leichtesten das für den Modellflug unentbehrliche Gefühl dafür, wie Sie stets richtig lenken – egal, aus welcher Perspektive Sie den Quadrokopter gerade sehen.

Nach mehreren solchen Übungen werden Sie feststellen, wie die für die Quadrokoptersteuerung erforderlichen Steuerbefehle mehr und mehr automatisiert von der Hand gehen.

16 Kameraflug

Der Quadrokopter 450 ist zwar im Vergleich zu herkömmlichen Hubschraubern klein, punktet aber enorm in Sachen Tragfähigkeit. Obwohl er selbst mit Akku nur rund 700 g wiegt, schafft er es, Lasten bis zu 500 g in die Luft zu heben. Keine Frage, dass das mehr als genug Gewicht ist, um eine Kamera mitzunehmen.

Damit lässt sich der Wunsch erfüllen, die Umgebung endlich mal, wenn auch nicht live, aus der Luft erleben und entdecken zu können. Kameraflüge erlauben auch völlig neue Perspektiven, die selbst Altbekanntes neu entdecken lassen.

16.1　Welche Kamera?

Sofern der Quadrokopter mit einem Landegestell ausgestattet wurde, hat er an seiner Unterseite auch ausreichend Bodenfreiheit, um selbst eine etwas größere Kamera sicher aufzunehmen. Damit diese gute Landschaftsaufnahmen machen kann, muss sie an der Unterseite des Fluggeräts montiert werden.

Dazu ist eine Montagehalterung erforderlich, die z. B. aus einem Aluminiumblechstreifen gebogen wird. Solche selbst anzufertigenden Halterungen werden benötigt, um normale Kameras aller Art am Fluggerät montieren zu können. Wichtig ist die sichere Befestigung der Kamera am Quadrokopter. Da selbst viele hochwertige HD-Videokameras kaum 300 g wiegen, ist die Verlockung groß, sie fliegen zu lassen.

Obwohl hinsichtlich der Quadrokoptertragfähigkeit kaum etwas dagegen spricht, eine gute und große Kamera an ihm zu befestigen, sollten Sie sich doch bereits im Vorfeld mit möglichen Risiken befassen. Mehr Gewicht bedeutet auch mehr Stromaufnahme und somit kürzere Akkulaufzeiten. Neigt sich die Akkukapazität während des Flugs dem Ende zu, haben Sie mitunter kaum noch Zeit, den Quadrokopter samt Kamera sicher zu landen. Aber auch plötzlich auftretende Turbulenzen, wie sie bereits wenige Meter über Grund anzutreffen sein können, können zu brenzligen Flugsituationen führen, die das Geben schneller Korrekturbefehle erforderlich machen kann. Da der Quadrokopter durch das Zusatzgewicht aber auch träger zu steuern ist, kann es schneller zu Abstürzen kommen – besonders dann, wenn Sie erst wenig Flugerfahrung sammeln konn-

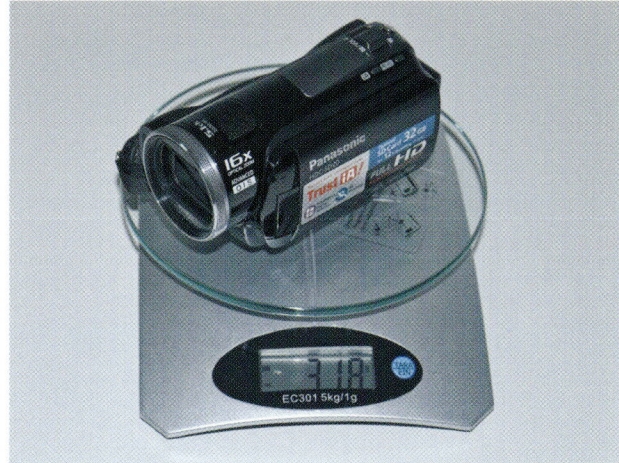

Bild 16.1 – Videokameras wie diese liegen an der Obergrenze dessen, was der Quadrokopter 450 noch zu transportieren vermag. Dazu kommt noch das Gewicht für die Halterung. Mit einem solchen Gerät wird der Quadrokopter schwerer beherrschbar.

ten. Die Folge können irreparable Schäden an der Kamera und am Quadrokopter sein.

16.2 Minikameras schaffen Sicherheit

Minikameras wurden zum Teil speziell für den Einsatz im RC-Modellbau entwickelt. Sie sind nicht nur extrem klein und leicht, sondern meist auch spürbar preiswerter als herkömmliche Kameras. Damit gewinnen Sie gleich mehrfach. Zum einen belasten Sie Ihren Quadrokopter nur mit wenig Zusatzgewicht, da solche Kameras selbst mit Speicherkarte nur etwa 75–100 g wiegen. Zum anderen benötigen Sie für sie nur eine einfache Halterung, die ebenfalls kaum etwas wiegt. Damit braucht der Quadrokopter nur unwesentlich mehr Energie und behält sein Flugverhalten weitgehend bei.

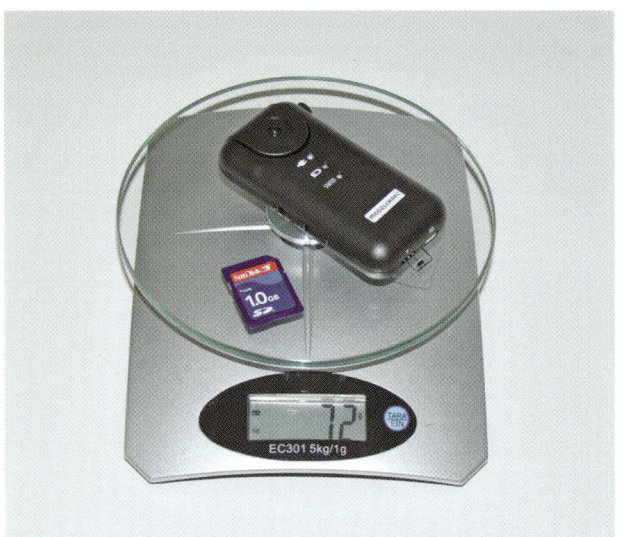

Bild 16.2 – Minikameras sind nicht nur leicht, sondern auch einfach zu montieren. Das Flugverhalten beeinflussen sie so gut wie gar nicht.

So kommen Sie auch nicht so leicht in brenzlige Flugsituationen, die Sie um Quadrokopter und Kamera bangen lässt. Und geht tatsächlich mal etwas schief, ist der Schaden deutlich geringer als bei einer großen Kamera. Da Minikameras zudem keine Motoren und auch keine aufwendige Optik haben, gehen sie auch bei Weitem nicht so leicht zu Bruch.

16.3 Minikameras im Detail

Stellvertretend für alle für den RC-Modellbau besonders geeigneten Kameras soll die RCL-100HD von Modelcraft etwas genauer unter die Lupe genommen werden.

Die Kamera wiegt mit eingelegter SD-Speicherkarte und fix eingebautem Akku gerade einmal 72 Gramm und ist rund 10*5*2,5 cm groß.

Sie zeichnet Videos in einer Auflösung von 1.280*720 Pixel auf, was bereits HD-Qualität entspricht. Fotos werden mit einer Auflösung von rund 2,1 Millionen Bildpunkten in Abständen von 2 Sekunden geschossen.

Nachdem der Kamera-Akku über die USB-Buchse aufgeladen wurde, ist mit einem der beiden seitlichen Schiebeschalter der Foto- oder Videomodus auszuwählen. Anschließend ist der Auslöseknopf zu drücken, bis die Status-LED langsam grün zu blinken beginnt. Damit zeigt sie den laufenden Aufnahmemodus an.

Die Kamera ist mit einem Weitwinkel-Fixfocus-Objektiv ausgestattet. Es ist um 90° schwenkbar. Damit lassen sich Aufnahmen von vorn, also der Flugrichtung oder senkrecht nach unten machen. Selbstverständlich lässt sich die Optik auch in einem beliebigen Winkel schief ausrichten. So kann man mit der

Kamera beispielsweise schräg nach vorn unten filmen oder fotografieren.

Bild 16.3 – Die RCL-100HD von Modelcraft ist ein typischer Vertreter von besonders für den RC-Modellbau geeigneten Minikameras. Sie fotografiert und filmt in HD-Qualität.

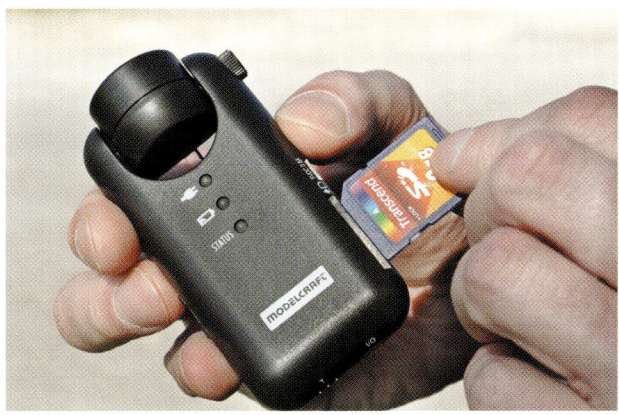

Bild 16.5 – In die Kamera ist eine SD-Speicherkarte zu stecken. Auf sie werden Fotos und Videos gespeichert.

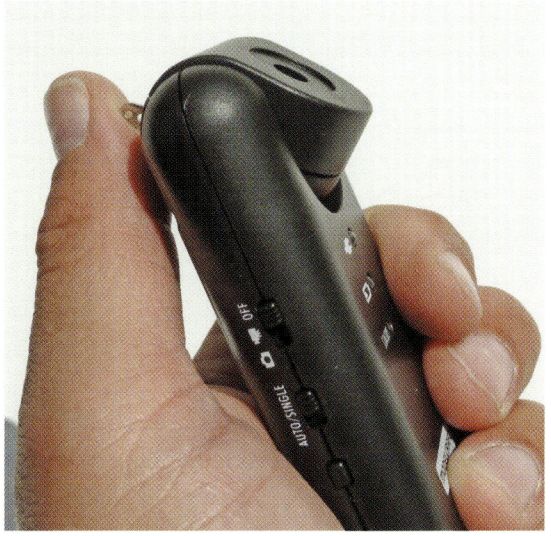

Bild 16.4 – Das Objektiv lässt sich von 0° bis 90° stufenlos schwenken.

Bild 16.6 – Mit dem linken Schiebeschalter ist der Aufnahmemodus auszuwählen. Diese Kamera wurde auf Videoaufnahme eingestellt.

16.4 Minikamera montieren

Eine einfache Methode ist es, die Kamera mittels Klettverschlussband an der Unterseite zu befestigen. Dies erfordert jedoch eine ebene Oberfläche, die das Gehäuse des Quadrokopters nicht bietet. Man benötigt eine kleine Platte aus Kunststoff oder Metall, die an der Unterseite angeschraubt werden kann.

Auf ihr wird eine Seite des Klettverschlussbands aufgeklebt, auf der Rückseite der Kamera die zweite. Damit lässt sie sich einerseits gut in Position bringen, andererseits kann sie jederzeit in Sekundenschnelle abgenommen werden, z. B., um sie anderweitig zu verwenden oder am PC aufzuladen.

Bild 16.7 – Zum Starten der Aufnahme ist der rechte Aufnahmeknopf zu drücken, bis die LED an der Oberseite langsam grün zu blinken beginnt.

16.5 Welche Bildqualität ist zu erwarten?

Bilder wie vom Profifotografen oder Videos in TV-Qualität darf man nicht erwarten. Dennoch ist die Bildqualität der Mini-Cams durchaus akzeptabel. Die Qualität der Aufnahmen wird von mehreren Faktoren bestimmt. Zuerst einmal muss die Kamera fest mit dem

Bild 16.8 – Anschließend ist die Kamera auf den Quadrokopter zu montieren.

Quadrokoptergehäuse verbunden sein, um Vibrationen weitgehend auszuschließen. Ganz vermeiden lassen sie sich nicht, da Wind und Turbulenzen dafür sorgen können, dass das Fluggerät durchgerüttelt wird. Entsprechend unruhig können auch die Aufnahmen sein.

Scharfe und schöne Fotos und Videos erhält man bei weitgehend windstillem Wetter. Außerdem sollte auch ruhig geflogen werden. Auch wenn es Spaß macht, in der Luft herumzukurven und mal hoch und dann wieder niedrig zu fliegen: Als Video sieht das nicht gut aus, sondern schief und verwackelt. Gute Videos und Fotos erhält man, wenn man den Quadrokopter z. B. geradeaus in eine Richtung fliegen lässt und nur sehr gemächliche Kurven fliegt. Auch Schwebepassagen, in denen der Quadrokopter ruhig in der Luft steht, sorgen für tolle Aufnahmen.

Bedingt durch die starken Vibrationen, aber auch durch die unmittelbare Nähe der elektronischen Steuerung des Quadrokopters, können in Fotos Wellenlinien auftreten. Ihre Intensität variiert bei den verschiedenen Kameramodellen. Außerdem treten solche Wellenbildungen in Bildern und Videos vermehrt auf, wenn gerade besonders viel Pitch gegeben wird. Eine Verbesserung der Aufnahmequalität kann erreicht werden, indem man vibrationsreduzierendes doppelseitiges Klebeband benutzt.

16.6 Was darf man filmen?

Filmen aus der Luft macht unbestritten Spaß und lässt einen die nähere Umgebung aus einer neuen Perspektive erleben. Doch denken Sie daran, dass es der Nachbar vielleicht nicht gern sieht, wenn Sie Aufnahmen von seinem Grundstück machen – vor allem wenn Perso-

Bild 16.9 – Wenn man es nicht weiß, fällt die an der Unterseite montierte Mini-kamera nicht auf.

Bild 16.10 – Vom fliegenden Quadrokopter aufgenommen: Im Foto-Mode schießt die Minikamera RCL-100HD von Modelcraft alle zwei Sekunden ein Bild.

nen zu erkennen sind. Damit könnten Sie sich vor Gericht wiederfinden, vor allem, wenn Sie auf die Idee kommen sollten, solche Videos im Internet zu veröffentlichen.

Bedenkenlos können Sie indes in freier Natur Flugvideos anfertigen – also überall dort, wo keine Persönlichkeits- und Besitzrechte gestört werden.

Bild 16.11 –
Selbstverständlich
kann eine
Minikamera auch
Videos mit Ton
aufzeichnen.
Neuere Modelle
schaffen dies sogar
in HDTV-Qualität.

Bild 16.12 –
Nach unten
fotografiert; gibt
man besonders
viel Gas, können
verstärkt
Wellenlinien
auftreten, die
störend sind.

17 Quadro- und Helikopter: ein Vergleich

Ein Quadrokopter ist in seinen Grundzügen ein Hubschrauber. Während dieser aber nur mit einem Rotor ausgestattet ist, hat der Quadrokopter vier. Daraus ergibt sich ein gänzlich unterschiedliches Flugverhalten. RC-Heli-Piloten sehen oft ihre Berufung in Kunstflügen. Hier wird steil nach oben und unten, kopfüber, in Schrauben und vielem mehr geflogen. All das ist mit einem Quadrokopter nicht möglich. Er ist dafür vergleichsweise leicht zu steuern und vermag deutlich größere Lasten zu transportie-

ren als ein herkömmlicher Helikopter. Damit verbunden erlaubt der Quadrokopter, den RC-Flug auf ganz andere Weise zu entdecken und zu erleben.

17.1 Reparaturen

Ein Helikopter ist eine wirklich „komplizierte Maschine". In ihm befinden sich

Bild 17.1 – Klassische Helikopter erlauben das Fliegen selbst atemberaubender Kunststücke.

Bild 17.2 – Der Rotorkopf eines klassischen Hubschraubers ist eine mehr als komplizierte Angelegenheit. Keine Frage, dass hier Schäden richtig teuer werden können und komplizierte Reparaturen erfordern.

de mechanische Einheit, die den Propeller so ansteuert, dass unter anderem Kurven geflogen werden können. Keine Frage: Kommt es hier zu einem Absturz, wird es richtig teuer. Reparaturen sind mit hohem Zeitaufwand verbunden.

Der Quadrokopter hat hingegen einen mehr als einfachen Aufbau. An ihm sucht man Servomotoren und Gestänge vergeblich, die die Steuerung des Modells bewerkstelligen. Auch ein Zahnradgetriebe wird man nicht finden. Der Quadrokopter benötigt nur vier fix angeschraubte Motoren. Seine Propeller sind nicht schwenkbar. Die gesamte Steuerung wird von einer ausgeklügelten Elektronik bewerkstelligt, die auf mehrere Platinen verteilt ist. Ihr besonderer Vorteil: Sie hat keine beweglichen Teile. Da die Platinen zudem im Modell sehr gut verpackt sind, müsste es schon mit dem Teufel zugehen, wenn sie bei einem Crash zu Bruch gingen.

Das Wenige, das wirklich Schaden nehmen kann, sind die zusammenklappbaren Landebeine und das Kunststoffteil, mit dem der Motor am Metallausleger befestigt ist. Diese Komponenten kosten nicht viel und sind schnell ausgetauscht. Außerdem angenehm: Der Quadrokopter muss nach der Reparatur, anders als ein klassischer Hubschrauber, nicht erst wieder langwierig abgestimmt werden, damit er überhaupt flugfähig wird. So gesehen ist der Quadrokopter auch servicefreundlich.

unzählige Gestänge, Zahnräder, Servomotoren und vieles mehr, die das Fliegen erst ermöglichen. Allein der Bereich des Rotorkopfs ist eine auf den ersten Blick kaum zu durchschauen-